내가 사랑한 생물학 이야기

내가 사랑한 생물학 이야기

1판 1쇄 찍은날 2018년 1월 26일 | **1판 4쇄 펴낸날** 2019년 10월 15일
지은이 | 가네코 야스코 • 히비노 다쿠 | **옮긴이** | 고경옥 | **감수** | 정문희

펴낸이 | 정종호 **펴낸곳** | 청어람 e
책임편집 | 여혜영 | **디자인** | 이원우 | **마케팅** | 황효선 | **제작·관리** | 정수진
인쇄·제본 | (주)에스제이피앤비

등록 | 1998년 12월 8일 제22-1469호
주소 | 03908 서울시 마포구 월드컵북로 375, 402
전화 | 02-3143-4006~8 | **팩스** | 02-3143-4003
이메일 | chungaram@naver.com | **포스트** | post.naver.com/chungaram_media

ISBN 979-11-5871-058-3 04400
ISBN 979-11-5871-056-9 (세트) 04400
잘못된 책은 구입하신 서점에서 바꾸어 드립니다. 값은 뒤표지에 있습니다.

이 도서의 국립중앙도서관 출판시도서목록(CIP)은 e-CIP 홈페이지(http://www.nl.go.kr/ecip)와
국가자료공동목록시스템(http://www.nl.go.kr/kolisnet)에서 이용하실 수 있습니다.
(CIP제어번호 : CIP2018000978)

청어람 e)) 는 미래세대와 함께하는 출판과 교육을 전문으로 하는 **청어람미디어**의 브랜드입니다.
어린이, 청소년 그리고 청년들이 현재를 돌보고 미래를 준비할 수 있도록 즐겁게 기획하고 실천합니다.

"생물학자가 보는 일상의 과학 원리"

내가 사랑한 생물학 이야기

지은이 | **가네코 야스코·히비노 다쿠**

옮긴이 | **고경옥**

청어람 e))

생물 탐구는
인간의 삶을
어떻게
변화시켰을까?

지금으로부터 약 37억 년 전, 지구에 생명이 탄생하고 그 생명의 기나긴 역사 속에 모습을 드러낸 인간은 지구의 다양한 생물과 관계를 맺으며 여러 혜택을 누려왔습니다. 그야말로 인간은 '다른 생물 덕분에' 살아남을 수 있었던 것이지요.

이 책에서는 지구상의 생물이 긴 역사 속에서 체득한 생명의 신비한 구조와 그것이 우리 인류의 생활에 얼마나 도움이 되었는지를 알기 쉽게 설명하려고 합니다. 이 글을 통해 생물의 세계가 얼마나 심오하고 흥미로운지, 수많은 생물이 우리의 삶에 얼마나 깊숙이 관여하고 있는지 느껴보길 바랍니다.

우리 주위를 둘러싸고 있는 생명체를 이해하기 위해, 인간을 이해하고 더 좋은 생활을 영위하기 위해 인류는 생물에 관한 연구를 계속해왔습니다. 17세기에는 현미경으로 세포를 처음 발견하고 미생물을 관찰했으며, 18세기에는 칼 폰 린네가 생물에 학명을 붙여 생물 종을 체계화했습니다. 19세기에는 찰스 다윈이 진화론을 발표했고, 20세기 중반에는 DNA의 이중나선 구조가 밝혀졌지요. 최근에는 전자현미경이 실용화되어 다양한 세포의 구조를 정밀하게 관찰할 수 있게 되었답니다. 이처럼 20세기 후반에서 21세기에 걸쳐 생물학은 눈부신 발전을 이루었습니다.

하지만 아직 생물에 관해 명확히 밝혀지지 않은 부분이 엄청나게 많은 것도 사실입니다. 실제로 지금까지 학명이 붙은 생물은 지구상에 존재하는 생물의 10% 혹은 1%에 불과하다고도 합니다. 아마도 이제껏 누구도 본 적 없는 생물이 존재할 뿐만 아니라 아무도 모르는 엄청난 생명 현상이 존재할 테지요. 앞으로 10년, 20년 사이에 생물에 관해 얼마나 새로운 사실이 밝혀질지 상상하는 것만으로도 즐거워집니다.

이 책에서 동물학 분야는 사이타마대학 교육학부의 히비노 다쿠 부교수가, 식물학은 저, 가네코 야스코가 집필했습니다.

저는 주로 전자현미경을 사용하여 식물의 연구를 해왔습니다. 생물을 관찰하는 전자현미경의 세계는 아직도 발전 중이며 계속해서 새로운 기술이 개발되고 있습니다. 이 책에도 최첨단 전자현미경으로 촬영한 사진이 몇 장 실려 있습니다. 새롭게 개발한 현미경 기술로 이제까지 볼 수 없었던 미세한 세계를 들여다보는 놀라움을 꼭 느껴보기를 바랍니다[이 책에 실린 주사형 전자현미경(scanning electron microscope : SEM) 사진의 대부분은 테크넥스공방의 타이니 SEM으로 촬영했습니다].

본문에 소개한 사진은 최근까지 제가 많은 학자와 공동연구를 하며 촬영한 사진입니다. 특히 전자현미경과 식물연구학 분야의 스승인 마쓰시마 히사시 교수가 촬영한 사진을 여러 장 사용했습니다. 또한 연구실의 학생들이 촬영한 사진과 학생 실험에서 학생들과 함께 촬영한 사진도 포함되어 있습니다.

전자현미경 관찰에 즐겁게 참여해준 사이타마대학 교육부 이과전공 학생들, 학생 실험에서 현미경 사진을 촬영해준 대학원생 아지사카 미즈키 씨, 사진의 정리를 도와준 아쓰사와 기미에 씨, 이 모든 분 덕분에 다양한 사진을 마련할 수 있었습니다. 또한 원고를 읽고 조언해준 딸들, 항상 격려해주는 다모 씨, 책이 완성되기만을 기다려온 88세의 어머니에게 고마운 마음을 전합니다.

마지막으로 이런 책을 출간할 수 있는 기회와 방법을 제공해준 지쓰무쿄이쿠출판의 사토 가네히라 씨, 편집공방 시라쿠사의 하타나카 다카시 씨에게 감사의 인사를 드립니다.

2015년 11월

가네코 야스코

차례

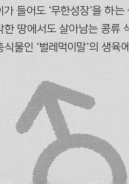

PART 1

의학과 건강 발전에
이바지한 생물들

01 몸속에서 빛을 내어 위치를 알려주는 발광평면해파리의 'GFP'

녹색형광단백질(Green Fluorescent Protein : GFP)

GFP는 발광평면해파리에서 채취한 형광단백질로, 2008년에 노벨 화학상을 받은 시모무라 오사무 박사가 처음 발견했다. 현재 유전자 변형을 통해 적색과 청색의 형광 빛을 띠는 변이형 GFP도 개발되었다.

● 형광봉은 어떻게 빛을 내는 걸까?

인기 아이돌의 콘서트에 가면 관객들이 케미컬 라이트, 혹은 시알륨 (Cyalume, 미국의 형광봉 제조사의 상표명이지만 형광봉을 통칭하는 이름으로도 사용됨-옮긴이)이라고 불리는 형광봉을 사방으로 흔들고 있는 모습을 볼 수 있습니다. 어두운 실내나 저녁에 열리는 야외 콘서트 무대 위에서는 관객들의 모습은 잘 보이지 않지만, 대신 초록·주황·파랑으로 빛나는 형광봉이 밤하늘을 수놓는 별처럼 반짝이며 한층 더 아름다운 공간을 연출하곤 합니다.

그런데 이 형광봉은 어떻게 빛을 낼까요? 형광봉의 대롱 안에는 화학물질 디페닐 옥살레이트와 과산화수소가 따로 밀봉되어 있는데, 이 대롱을 구부러뜨려 두 가지 용액이 함께 섞이면 형광 빛이 납니다. 다시 말해, 두 가지 물질이 화학반응을 일으켜 일정한 파장의 빛이 방출되고 그 빛의 파장 길이가 달라지면 주황, 파랑 등 여러 가지 형광색으로 변하는 것이지요.

화학적인 원리는 제쳐두고 다시 콘서트 무대로 돌아가 봅시다. 관객들은 왜 형광봉을 흔들어대는 걸까요? 분위기를 띄워 흥을 돋우려는 이유도 있겠지만, 아마도 무대 위 주인공인 아이돌 스타에게 "나 여기 있어요!" 하고 자신의 존재를 알리는 것이 가장 큰 목적일 겁니다. 수많은 관객으로 가득한 콘서트장에서 자신을 돋보이게 하려면 눈에 띄는 형광색을 흔드는 것이 더 유리하기 때문입니다.

최근에는 형광봉을 흔들며 독특한 춤을 추는 '오타게이(아이돌의 열정적 팬인 오타쿠의 응원 퍼포먼스)'를 선보이는 팬들의 모임도 있습니다. 이 형광 집단의 화려한 움직임은 분명 아이돌의 눈길을 끌 수 있을 테지요. 그렇다고 너무 과격하게 움직이면 안전요원에게 끌려 나갈지도 모른답니다.

● 발광의 주역인 에쿠오린과 발광을 도와주는 조역 GFP의 발견

녹색형광단백질(GFP)은 형광으로 빛나는 단백질입니다. 이 GFP를 발견하고 개발한 연구의 성과로 2008년에 일본인 시모무라 오사무 박사와 미국의 동료 연구자들이 함께 노벨 화학상을 받았습니다. 수상이 결정된 후, 뉴스와 신문에 실린 시모무라 박사의 사진 속에서 그가 들고 있던 황록색 형광으로 빛나던 GFP 시험관이 혹시 기억나는지요.

시모무라 박사가 GFP를 발견한 후에 계속해서 미국의 연구자 두 명이 GFP를 생물학과 의학 분야에 응용하려는 노력을 기울여왔습니다. 현재

GFP는 마이크로 단위의 물체를 관찰하는 도구로서 생명과학 분야 연구에 없어서는 안 될 존재가 되었답니다.

시모무라 박사는 '발광평면해파리는 왜 황록색으로 빛나는가?'라는 의문에 답을 찾기 위해 오랜 시간 미국에서 연구를 계속해왔습니다. 먹잇 감인 작은 물고기를 유인하기 위해 발광한다는 생태학적인 이유가 아닌, '발광평면해파리가 지닌 어떤 물질이 발광하는가?' 하는 생화학적인 해명을 목표로 말이지요.

여러 해 연구를 진행하는 동안 그는 발광평면해파리를 약 85만 마리나 채집해 발광 부위인 해파리의 갓을 잘라 발광 물질을 추출하는 일에만 몰두했습니다. 그리고 마침내 두 개의 발광 물질을 정제하는 데 성공했습니다.

추출한 물질 중 하나는 **에쿠오린**(aequorin)이며 또 다른 하나가 GFP입니다. 에쿠오린은 칼슘이온 농도에 따라 청색 빛을 발산하는데, 그 높은 파장의 청색 빛을 GFP가 흡수해 낮은 파장의 황록색으로 변화시킨다는 사실을 알아냈습니다. 다시 말해, GFP는 본래 발광을 도와주는 조역으로, 에쿠오린이 발산하는 파란 빛의 파장을 조금 변화시키는 역할을 할 뿐이었던 것입니다.

그 후로도 시모무라 박사는 발광의 주역인 에쿠오린에 관한 연구에 집중했지만, 다른 연구자들은 조역인 GFP에 주목했습니다. 시모무라 박사는 노벨상 발표 후 첫 소감에서도 "에쿠오린이 아니라 GFP 때문에 상을 준다고?"라는 말을 했다고 하니 시모무라 박사가 그다지 GFP에 주목하지 않았음을 알 수 있습니다.

● **발광평면해파리를 황록색으로 빛나게 하는 두 가지 물질**

| 에쿠오린 | 칼슘이온 농도에 따라 청색으로 발광한다. |
| GFP | 에쿠오린이 발광한 청색을 황록색으로 변화시킨다. |

● GFP는 왜 주목을 받았을까?

그렇다면 조역에 불과한 GFP가 그토록 주목을 받고 생명과학 분야에 없어서는 안 될 존재가 된 이유는 무엇일까요?

생명과학 연구자가 사람과 쥐의 체내 세포 약 30조 개(과거에 60조 개라는 주장이 있었지만 현재는 30~40조 개로 추산하는 것이 일반적임) 중에 자신이 조사하고 싶은 부분의 움직임만 관찰하고 골라내는 것은 무척 어려운 일입니다. 의학적으로 접근해본다면, 특히 초기의 암세포는 주변 정상 세포와 차이점을 구분하기 힘들기 때문에 이를 골라내기가 쉽지 않습니다.

만약, 자신이 조사하고 싶은 세포가 형광봉처럼 빛을 내면서 '나 여기 있어요!' 하고 알려준다면 더없이 좋을 텐데 말이죠. 그래서 열성적인 팬이 형광봉을 흔들어 자신을 드러내는 것처럼 체내의 특정 세포만을 빛나게 하는 데 이 GFP를 이용하게 되었습니다.

또 하나, GFP를 다방면에서 활용하게 된 결정적인 이유가 있습니다. 세포 혹은 그 생물이 '생존한 채로' 체내에서 GFP를 발광할 수 있기 때문입니다. 앞에서 형광봉에 대해 설명할 때, 발광을 하려면 화학물질의 혼합이 필요하다고 했지요? 형광봉에 쓰인 두 가지 화학물질은 독성을 지니고 있는 탓에 살아 있는 생물의 체내에서는 사용할 수 없습니다. 또한 에쿠오린의 발광에 영향을 미치는 칼슘이온은 여러 가지 생체 기능과 관련되므로 이를 조작할 수도 없는 일이었지요.

반면 GFP는 신체의 구성 성분인 단백질로 이루어졌으며 다른 화학물질을 필요로 하지 않습니다. 단지 외부에서 빛을 비추기만 하면 형광으로 빛을 냅니다. 이처럼 우리 몸에 무해한 성분이면서, 생명과학 연구에 이토록 적합한 물질은 GFP가 처음이었던 것입니다.

● GFP, '관찰 도구'에서 '특효약 개발 도구'로 변신하다

현재, GFP로 찾아낸 암세포를 이용해 암의 구조를 알아내는 연구가 진행되고 있습니다. 쥐의 체내에서 GFP의 형광 빛을 발산하는 암세포가 언제 어떻게 증식하고 전이하는지 생존한 채로 관찰할 수 있어서 여러 가지 새로운 사실을 알아내고 있지요.

앞으로는 단순히 사람의 암세포를 형광 빛으로 알려주는 진단뿐만 아니라, GFP로 실험한 쥐에서 알아낸 사실로 암의 특효약을 개발하고 그 약의 효과를 검증하는 새로운 방향으로 나아가리라 예측하고 있습니다. GFP로 빛을 발산하는 세포 중에서 유난히 과격한 움직임으로 다른 세포에 피해를 주는 세포집단을 먼저 제거하는 특효약 개발도 진행 중이라고 하니 기대해볼 만하네요.

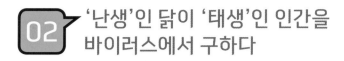

02 '난생'인 닭이 '태생'인 인간을 바이러스에서 구하다

태생과 난생

포유류처럼 난자가 모체의 자궁 안에서 결합해 발육하는 것을 '태생'이라고 한다. 이와 다르게 어류·양서류·파충류·조류처럼 난자를 체외로 내보내서 모체와 떨어져 발육하는 것을 '난생'이라고 한다.

● 무정란과 유정란의 차이

우리가 주로 마트에서 구입하는 포장된 달걀은 대부분 무정란입니다. 무정란이란, 글자 그대로 '정자가 들어 있지 않은 미수정 상태의 알'을 뜻하지요. 양계장에서는 암탉만을 사육해서 계속해서 알을 낳게 합니다.

반대로 **유정란**이란 정자가 들어 있는 알, 다시 말해 수정이 되어 세포가 증식하고 있는 알을 말합니다.

수탉과 암탉을 풀어놓고 함께 키우는 친환경 양계장에서는 이러한 유정란을 생산하고 있습니다. 유정란은 주로 건강에 많은 신경을 쓰는 사람들이 구매하는데, 소량 생산될뿐더러 무정란에 비해 가격도 훨씬 비쌉니다.

● 닭은 어떻게 무정란을 낳을 수 있을까?

우리 인간은 어머니의 뱃속에서 정자와 난자가 만나 수정되고 태아가 성장하여 약 10개월 후에 아기가 태어납니다. 그런데 닭은 정자와 난자가 만나지 않았는데 어떻게 무정란을 낳을 수 있는 걸까요?

사실 닭뿐만 아니라 사람도 마찬가지로, 동물의 암컷은 모두 성주기에 따라 정기적으로 난자를 내보내는 '배란'이 일어납니다. 배란된 닭의 난자가 수정되었는지는 중요하지 않습니다. 하지만, 배란이 정기적으로 계속되는가 하는 문제는 수정이 이루어졌는지에 따라 달라집니다. 수정에 성공하면 사람은 그다음 배란이 일어나지 않습니다. 그런데 닭은 무정란을 낳고도 수정란을 낳았다고 착각해서 암탉이 알을 품기 시작하면 다음 배란이 일어나지 않습니다. 때문에 양계장에서는 달걀을 바로바로 수거하여 닭의 성주기를 멈추지 않게 하는 것이지요.

사람의 난자 크기는 지름 130㎛(마이크로미터)로, 난자 주위는 투명대라고 불리는 젤리 상태의 층으로 둘러싸여 있습니다. 정자는 이 투명대를 뚫고 난자에 들어가 융합을 시작합니다. 다들 한번쯤 정자가 머리를 들이밀어 난자를 뚫고 들어가 수정되는 영상을 본 적이 있을 겁니다. 오리너구리를 제외한 포유류는 모두 태생으로, 난자를 체내에서 보호하므로 딱딱한 껍데기로 둘러싸여 있을 필요가 없답니다.

● 닭이 하루에 한 개만 알을 낳는 이유

한편 어류·양서류·파충류·조류는 난생으로, 단단한 껍데기로 둘러싸인 알을 낳습니다. 특히 파충류와 조류는 육지에 알을 낳으므로 외부의 적(세균이나 바이러스를 포함)과 건조를 막기 위해 딱딱한 껍데기로 둘러싸야만 합니다.

그렇다면 닭의 알은 어떻게 수정이 되는 걸까요? 달걀은 딱딱한 칼슘 성분의 껍데기로 이루어졌지만 사실 수정이 되는 시기에 그 껍데기는 존재하지 않습니다. 난소로부터 먼저 '난황(알의 노른자)'이 배란되면 그 난황과 정자가 만나 수정이 이루어집니다. 그 후에 '난백(알의 흰자)'이 형성되고 마지막으로 꼬박 하루가 걸려 노른자와 흰자를 둘러싸는 칼슘 껍데기가 형성되는 것이지요. 송사리 등의 어류는 수정 후에 바로 알을 낳지만, 유정란을 낳는 닭은 수정이 되고 하루가 지나야 껍데기가 생기고 알을 낳게 됩니다. 닭이 하루 한 개의 알을 낳는 이유는 알이 형성되는 시간과 관계가 있는 것이랍니다.

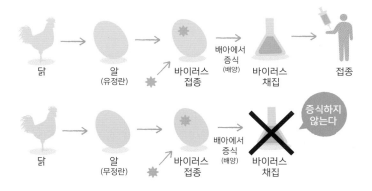

● 백신 제조에 이용되는 유정란

닭의 유정란은 우리의 식탁 위에 올라가는 일보다 다른 형태로 인간 사회에 커다란 도움을 주고 있습니다. 바로 **백신**을 제조하는 일입니다.

백신이란, 예컨대 신종 인플루엔자가 유행하기 전에 병원에 가서 예방 접종을 하는 그 같은 주사를 말하는데, 엄밀하게 따지면 병원성을 약하게 하거나 독성을 없앤 세균이나 바이러스를 뜻합니다. 그 주사액 안에는 세균이나 바이러스의 일부가 들어 있는 셈이지요.

신종 인플루엔자가 본격적으로 유행하기 전에 미량의 비활성화 바이러스를 사람의 몸 안에 주사해두면, 자신의 백혈구에게 '인플루엔자 바이러스는 무찔러야 할 적이야!'라는 사실을 알려줄 수 있어서 그 병에 잘 걸리지 않게 되는 것이랍니다.

백신을 제조하는 일은 곧 인플루엔자 바이러스를 증식하는 일입니다. 수천만 명의 백신을 제조하려면 대량의 인플루엔자 바이러스가 필요하겠지요. 그래서 사용되는 것이 닭의 유정란이랍니다.

바이러스는 자력으로 살아갈 수 없으며 다른 생물에 침입하여 그 세포 내에서만 증식할 수 있습니다. 세포가 분열 및 증식하는 구조를 이용해 바이러스 자신도 증폭해가는 것이지요. 닭의 유정란은 배아가 발생해서 세포를 증식하고 있는 상태이므로 바이러스가 증식하기에 매우 적합한 환경입니다. 반면에 마트에서 팔고 있는 무정란은 배아가 생성되지 않으므로 바이러스를 넣어도 증식하지 않습니다.

일반적인 백신 제조 과정은 닭이 낳은 지 11일째 된 유정란의 양수 안에 바이러스를 주사한 뒤 3일간 따뜻하게 배양시킨 후, 증식된 바이러스가 대량으로 포함된 요막강액을 채집하여 비활성화 등의 과정을 거쳐 백신을 완성하게 됩니다.

이처럼 닭이 낳아준 알은, 무정란이라도 음식으로 섭취해서 건강해질 수 있으며, 유정란으로는 바이러스 감염으로부터 우리를 보호하고 건강을 지켜주니 무척이나 고마운 존재가 아닐 수 없습니다.

03 건강의 비결은 '장내세균총'에 있다!

장내세균총 (장내미생물 무리, 장내플로라)

사람과 동물의 장내에 생식하고 숙주와 공생하는 다양한 종류의
세균 집단을 뜻한다.

● 장내에는 100조 개에 이르는 세균이 살고 있다?!

피부에는 많은 세균이 살고 있지만 대부분 인체에 나쁜 영향을 주지
는 않습니다. 피부의 1cm²에는 1,000~1만 개에 이르는 세균이 서식하고
있지요. 비누로 몸을 닦으면 일시적으로 세균이 사라지지만, 조금 지나
면 모근과 땀샘에 숨어 있던 세균이 표피로 나와 다시 원래대로 돌아가
게 됩니다.

그렇다면 체내에는 얼마나 많은 세균이 살고 있을까요? 장내에는 무려
100조 개 이상의 깜짝 놀랄 만큼 많은 세균(장내세균)이 서식하고 있습니
다. 사람의 몸을 형성하고 있는 세포의 수가 총 30~40조 개라고 하니,
실로 세 배가 넘는 세균이 장내에 서식하고 있는 것이지요.

또한, 같은 체내라 하더라도 근육이나 뼈, 혈관 등에는 세균이 거의 살

고 있지 않다고 하네요.

● 성게 배아의 발생 과정을 통해 장의 정체를 알 수 있다

● 장은 원래 몸의 바깥쪽이었다?!

피부는 몸의 가장 바깥쪽이니 많은 세균이 살고 있다는 말이 쉽게 이해가 갑니다. 그런데 체내라 하더라도 근육과 같은 곳에는 세균이 거의 없는데, 왜 장내에는 이렇게나 많은 세균이 사는 걸까요?

그 이유는 장이 원래 피부처럼 '몸의 바깥쪽'이었기 때문입니다.

고등학교 교과서에도 등장하는 성게의 발생 과정을 관찰해보면 이를 이해할 수 있습니다. 성게의 알은 수정된 후에 세포분열을 반복하여 포배가 됩니다. 이 포배는 한 층의 세포가 풍선 모양으로 둥글게 늘어선 모양이지요. 즉, 모든 세포가 바깥쪽을 향하고 있는 셈입니다. 포배세포의 일부분은 안쪽으로 파고들어 하나의 관을 형성합니다. 이 관이 항문에서 입까지 연결되는 소화관입니다. 소화관이 형성되는 방법은 사람도 비슷한데, 사람의 장도 원래 바깥쪽이었던 곳이 안쪽으로 들어와 체내에 구불구불하게 자리 잡은 것이랍니다.

'3초의 법칙'이라는 농담을 들어본 적 있나요? 바닥에 떨어진 음식이라도 3초 이내에 주우면 세균이 붙지 않아 더럽지 않으니 먹어도 괜찮다는 이야기지요. 생물학자의 입장에서 조언하자면, "사실 더러워지긴 했지만 먹어도 상관없어요. 원래 장은 몸의 바깥쪽에 있었던 걸요" 하고 생각을 바꿔보라고 권하고 싶네요.

● 장내세균을 인간 사회에 비유한다면?

장내세균이 어떤 존재인지 쉽게 이해하기 위해 인간의 생활에 비유해서 설명해보려고 합니다. 장내를 '마을'에 세균을 '마을 주민'으로 바꿔서 상상해봅시다.

이 마을(장내)은 외부 지역의 영향을 받지 않으며 기후가 일정해서 흡사 사시사철 따뜻한 남쪽 나라와도 같은 곳입니다. 또한 하루에 세 번이나 하늘에서 무료로 음식이 제공되지요. 음식 중에 특히 사람들(세균)에게 인기가 많은 것은 식이섬유로, 이를 받은 사람들은 무척이나 기뻐합니다. 마치 낙원과 같은 이 마을에는 사람들이 많이 살아서 인구밀도가 매우 높습니다. 도시의 고층 아파트에 비할 바가 아니지요. 출퇴근 시간 무렵 혼잡한 도로에 맞먹을 정도로 북적이는 곳이랍니다.

그런데 이 마을에 이주민(세균)이 새로 들어오려고 합니다. 아무래도 이곳이 마음에 들어 정착하고 싶지만 이제는 남은 땅이 없는 상황입니다. 그들은 하는 수 없이 마을을 지나쳐가고 맙니다. 이주민 중에는 강압적으로 원주민을 밀어내고 마을로 들어가려는 병원성을 지닌 나쁜 무리도 있었지만, 마을을 지키는 경찰(면역세포)들이 물리쳐주었습니다.

반정부 세력처럼 이주민들이 한꺼번에 들이닥치면 어떻게 될까요? 경찰이 손 쓸 수 없을 정도로 많은 수가 밀려들어와 이제까지 살고 있던 원주민을 억압하고 결국에는 마을 일부를 점거해버릴 때도 있습니다. 이렇게 되면 하늘에서 마을 전체를 강제로 쓸어버리는데, 사람의 몸에서 이러한 현상은 '설사'로 나타나게 됩니다.

이처럼 병원성 세균을 조금 먹게 되더라도 쉽게 감염되지 않는 이유는 원래 우리 몸에 살고 있는 장내세균 덕분이랍니다.

● **중요한 것은 장내세균총의 균형**

장내세균은 사람이 소화하지 못하는 식이섬유를 소화해서 사람에게 필요한 에너지원을 공급해줍니다. 게다가 비타민B나 비타민K를 합성하여 사람에게 공급해주는 일을 하고 있지요.

인간이 입으로 음식을 섭취해서 장내세균에게 영양을 주면, 장내세균에게 이러한 보답을 받게 됩니다. 양쪽이 함께 이익을 주고받는 관계(**상리공생**)가 성립되는 것이지요.

최근에는 장내세균을 구성하는 세균의 종류와 비율 등이 인간의 건강에 중대한 영향을 끼친다는 사실이 밝혀졌습니다. 이러한 세균 무리를 **장내세균총**이라고 합니다. 요즘에는 '**장내플로라(flora)**'라고 부르기도 하는데, 건강이나 미용에 관심이 있는 사람이라면 이 단어를 들어본 적이 있을지도 모르겠네요.

장내세균총이 면역계에 영향을 준다는 사실과 함께, 장내세균총의 균형이 무너지면 면역계의 붕괴가 일어나 알레르기와 자가면역질환, 암 등의 질환이 발병한다는 사실도 밝혀졌습니다. 또 하나 흥미로운 점은 장내세균총이 비만과 관련 있다는 사실이 최근의 연구를 통해 드러났다는 것입니다.

우선 비만인 사람과 마른 사람의 체내 장내세균을 채취해서 무균 쥐의 장에 각각의 장내세균을 이식합니다. 그 결과 비만인 사람의 장내세균을 이식한 쥐는 살이 쪄서 비만 쥐가 되었습니다. 그런데 쥐는 자신의 변을 먹는 습성이 있다고 합니다. 비만이 된 쥐에게 다시 마른 사람의 장내세균을 이식한 쥐의 변을 먹였더니 비만이 사라졌다고 합니다.

한편, 마른 쥐는 비만 쥐의 변을 먹어도 살이 찌지 않았습니다. 마른 쥐의 마을(장내)에 사는 세균은 종류도 다양하고 가짓수도 많아서 러시아워 시간만큼 복잡합니다. 비만 쥐의 허약한 장내세균이 들어왔다 한들 마을 사람들의 생활에는 전혀 영향을 끼치지 못하는 것이지요. 즉, 장내세균총의 균형이 무너졌을 때 질병에 걸리거나 비만이 된다는 뜻입니다.

우리는 건강을 위해 매일 균형 잡힌 식단을 고민하지만, 이제부터는 자신의 몸과 장내세균이 함께 잘 먹고 잘살 수 있는 방법을 모색하는 것이 중요하지 않을까요?

● **장내세균을 바꿔 넣으면 어떤 결과가 나올까?**

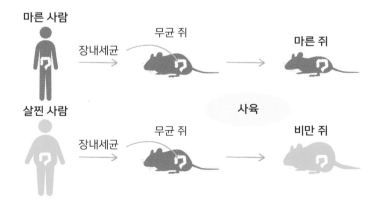

04 우리는 '암'을 이용해서 살아가고 있다

악성종양 (암)

사람의 몸을 이루고 있는 세포는 정해진 횟수만큼 분열하고 증식하여 마지막에는 죽음에 이른다. 그 과정을 제어하는 데 문제가 발생하여 세포가 무제한으로 증식해버린 상태의 세포가 악성종양, 암이다.

● 암의 메커니즘

현재 일본인의 사망 원인 1위는 암이라고 합니다. 젊은 세대에서는 자살이나 불의의 사고가 사망 원인의 상위권을 차지하고 있지만, 40대 이후로는 거의 모든 연령대에서 암이 사망 원인 1위를 차지하고 있습니다.

암은 이제까지 정해진 일만 정확히 수행해왔던 몸의 세포가 그 범위에서 벗어나 자기 멋대로 행동하는 현상입니다. 더욱이 암은 자신이 있어야 할 곳을 벗어나 다른 조직이나 기관으로 전이하여 그곳에서도 이상 증식하며 결국에는 생체를 죽음에 이르게 합니다. 암세포가 비정상으로 증식하면 정상 기능을 지닌 세포까지 기능을 바꿔놓아서 기능 부전이 일어나며, 주위의 영양까지 모두 빼앗아서 주변의 '정상' 세포가 영양을 얻지 못해 죽어버리는 일이 발생하고 맙니다.

● 고령일수록 암 발병률이 높아지는 이유

나이가 많을수록 암에 걸릴 확률이 높아지는 이유는 세포도 똑같이 나이를 먹기 때문입니다. 신경세포와 심장의 근세포는 한 번 생성되면 일생동안 같은 세포가 일을 계속합니다. 한편, 피부와 혈관의 세포는 계속해서 새로운 세포가 생기고 오래된 세포는 죽게 되지요. 새로운 세포 생성의 근간이 되는 '간세포(줄기세포)'는 나이를 먹을수록 점점 수명을 다해갑니다. 그런데 나이 든 세포는 조금만 이상이 생겨도 회복하는 힘이 부족해서 암세포로 변이되고 마는 것입니다.

암 연구는 세계 각국에서 활발히 이루어지고 있습니다. 어떤 암이 왜 발생하고 어떻게 암을 치료해야 좋을지, 기초에서부터 임상실험에 이르는 다양한 연구가 이루어지고 있지요. 실제로 암 연구의 성과가 의학계에 큰 영향을 끼치고 있습니다. 예컨대, 유방암은 선진국에서 꾸준히 발병률이 늘고 있지만 연구 성과에 힙 입어 사망률은 반대로 감소하고 있습니다.

그럼에도 불구하고 암은 왜 없어지지 않는 걸까요? 수많은 암 연구를 통해 암의 발생 과정이 극히 복잡하다는 사실은 이미 밝혀졌습니다. 암의 원인에는 바이러스 감염, 화학물질의 영향, 유전적인 요인, 생활습관 등이 있으며 이들 여러 가지 요인이 축적되어 암이 발생한다는 사실도 알게 되었지요.

하지만 오늘날까지도 알려지지 않은 발암의 속성은 많이 남아 있습니다. 이를 반대로 생각하면, 정상 세포가 어떤 기능을 하는지 전부 파악

하지 못해서 정상 세포가 파괴되는 원인도 알지 못하는 거라고 바꿔 말할 수 있지 않을까요? 이처럼 암세포와 정상 세포는 떼려야 뗄 수 없는 관계이며, 세포의 일반적인 기능을 탐구하는 아주 기초적인 연구야말로 암의 극복으로 연결될 것입니다.

● 배양세포가 '생체실험의 대역'을 맡다

'암이 무한 증식하는' 성질을 역으로 이용해 인간 사회에 도움을 주는 일도 있습니다. 바로 **'배양세포'**입니다. 배양세포란, 어떤 조직이나 기관의 일부인 세포를 체외로 끄집어내서 플라스틱 페트리 접시에 배양한 세포를 말합니다. 배양세포가 증식하면 그것을 이용해 여러 가지 실험을 할 수 있답니다. 예를 들어, 어떤 병의 특효약인 의약품을 개발할 때 그 약이 효과가 있는지 부작용은 없는지 다양한 평가를 내려야 할 때 이를 활용합니다. 처음부터 인간에게 투여하는 것은 위험이 따르므로 먼저 배양세포를 준비해 약을 시험해보는 겁니다.

또한, 배양세포에는 외부에서 유전자를 도입할 수 있으므로 특정 유전자를 손상하거나 다른 유전자를 도입하여 사람의 유전자 기능을 밝혀내는 일도 할 수 있지요. 이처럼 배양세포는 사람의 생체실험 대역을 맡아주고 있는 셈이랍니다.

● 기적의 헬라세포

19세기 후반에서 20세기에 걸쳐 다양한 동물의 살아 있는 세포를 배양하려는 시도가 이루어져 왔습니다. 또한 많은 연구자들이 사람에게 채취한 여러 조직을 이용해 사람의 세포 배양에 도전했습니다. 하지만 일단 배양에는 성공했다 하더라도 그 후에 증식이 되지 않고 성질이 변하는 등 오래도록 안정적으로 배양하는 데는 실패하고 말았지요.

1951년, 미국의 조지홉킨스 대학의 조지 가이(George Otto Gey) 박사는 대학병원에서 자궁경부암에 걸린 한 환자의 암세포를 배양하던 중, 페트리 접시 안에서 세포가 무한 증식할뿐더러 이제까지의 어떤 세포보다도 빠른 속도로 증식한다는 사실을 발견했습니다.

그는 이 세포주에 환자의 이름인 헨리에타 랙스의 이니셜을 따서 '**헬라(HeLa)세포**'라는 이름을 붙였고, 알고 지내는 연구자들에게 세포를 무상으로 제공했습니다. 이 세포는 빠른 속도로 퍼져 전 세계의 연구실에서 이용되었고 이 세포주를 대량으로 만들어내는 회사까지 등장해 거액의 돈을 벌기도 했답니다.

● **'암 퇴치'에 공헌한 헬라세포**

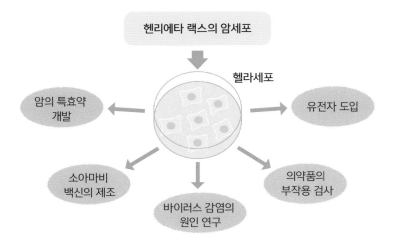

강력한 증식 능력을 갖춘 헬라세포는 이후 소아마비 백신, 항암제, 파킨슨병 연구 등 의학 발전에 활발히 이용되었습니다. 예컨대, 소아마비를 일으키는 폴리오바이러스에 쉽게 감염되는 헬라세포의 특성을 이용하여 대량으로 증식한 헬라세포를 소아마비 백신 제조에 사용하고, 헬라세포로 백신의 효과와 부작용까지 시험해볼 수 있었던 것이지요. 덕분에 과거 많은 아이들의 손과 발에 평생 마비 증상을 남겼던 이 질병이 백신의 보급으로 현재 선진국에서는 근절된 병이 되었습니다.

05 - '반복배열'에서 탄생한 DNA 감정

반복배열

여러 번 반복하여 존재하는 DNA 배열. 2~5개의 염기서열이 반복되면 미세부수체(microsatellite), 15~60개의 염기서열이 반복되면 미소부수체DNA(minisatelliteDNA), 수백 개의 염기서열이 반복될 때는 부수체(satellite)라고 한다.

● 돌연변이가 쉽게 일어나는 '반복배열' DNA

DNA에는 우리 몸의 설계도가 새겨져 있습니다. 생물이 지닌 모든 DNA를 일컬어 **'지놈(genome, 유전체)'**이라고 하는데, 이는 유전자(gene)와 염색체(chromosome)의 두 단어를 합성해 만든 용어입니다.

사람의 지놈은 30억 개의 염기쌍으로 이루어져 있습니다. 즉 아데닌 (A), 티민(T), 구아닌(G), 사이토신(C)이라는 네 개의 염기가 둘씩 짝을 지어서 30억 개 늘어서 있다는 뜻이지요. 하지만 이러한 지놈 안에 실제 유전자로 일하며 단백질로 번역(translation)되는 영역은 겨우 2%에 지나지 않는다고 합니다.

그렇다면 그 밖의 지놈 영역에서는 어떤 일을 하는 걸까요? 일부 영역에는 RNA로의 전사(transcription)를 조절하는 스위치 DNA가 있으며 또 다른 곳에는 단백질로의 번역을 개시하는 스위치 DNA가 있습니다. 이러한 DNA는 지놈의 여기저기에 흩어져 있지요. 실은 지놈의 대부분이, 비율로 따지자면 지놈 DNA의 50%는 '**반복배열**'이 차지하고 있는 셈이랍니다.

반복배열은 염기서열이 세로로 반복되는 영역을 말합니다. 예컨대 'ATATATA……'처럼 두 개의 염기가 하나의 단위로 반복되는 영역이나 수백 염기가 하나의 단위로 반복되는 영역처럼 여러 종류의 반복배열이 존재하는 것이지요. 이 반복배열의 대부분은 단백질로 번역되지 않으므로 지놈의 '의미 없는 배열(정크DNA)'이라고도 여겨지고 있답니다.

● **DNA와 염기쌍**

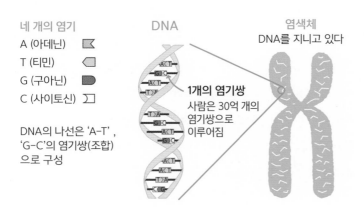

네 개의 염기

A (아데닌) ◀
T (티민) ◁
G (구아닌) ▶
C (사이토신) ⊐

DNA의 나선은 'A-T',
'G-C'의 염기쌍(조합)
으로 구성

DNA

1개의 염기쌍
사람은 30억 개의
염기쌍으로
이루어짐

염색체
DNA를 지니고 있다

실제 유전자로 일하는 '의미 있는' 배열에서는 돌연변이가 잘 일어나지 않아 쉽사리 변하지 않습니다. 반면에 반복배열처럼 '의미 없는' DNA 배열은 돌연변이가 일어나기 쉬운 경향이 있습니다. 돌연변이가 일어나 A에서 T로 염기서열이 바뀌는 일도 있으며 반복이 되풀이되는 횟수가 15번에서 20번으로 바뀌기도 한답니다.

● DNA 감정은 어떻게 탄생했을까?

생명의 설계도인 DNA를 해독하는 연구는 왓슨(James Watson)과 크릭(Francis Crick) 두 사람이 밝혀낸 '이중나선의 발견'에서 시작됩니다. 지놈 DNA의 2%에 해당하는 유전자 영역을 해석하여 그 유전자가 생물의 몸을 구성하는 데 어떤 도움을 주는지 밝혀내는 연구가 진행된 것이지요. 당시에는 지놈 안에 수많은 반복배열이 존재하지만 의미 없는 배열이므로 연구할 필요가 없다고 여겨졌습니다.

그러던 가운데 1985년 영국의 유전학자인 알렉 제프리즈(Alec Jeffreys)는 DNA 반복배열의 반복 횟수가 사람마다 다르다는 사실을 밝혀냈습니다. 지놈에는 모친과 부친에게 물려받은 두 쌍의 DNA가 존재하며 각각 반복 횟수가 다르다는 사실도 알게 되었지요. 다시 말해 DNA가 반복하는 횟수를 친자와 비교하는 방법으로 한쪽 혹은 양쪽 부모의 DNA를 물려받았는지 확인하는 친자 감정이 가능해진 것입니다.

이렇게 DNA 반복배열의 반복 횟수를 확인하는 방법으로 개인을 식별할 수 있는 'DNA 감정'이 탄생했습니다. 다른 연구자와는 다른 시각으로 언뜻 의미 없어 보이는 부분에도 무언가 도움이 될 만한 것이 존재하리라는 제프리즈의 안목이 DNA 감정을 탄생시킨 셈입니다.

● **MCT118형을 이용한 친자 감정**

자녀의 DNA
반복배열(14회)

반복배열(32회)
1개의 ☐ 에 16개의 염기

부친 14회와 38회
모친 25회와 32회

Q. 과연 누구의 자식일까?
A. 부친과 모친 양쪽의 유전자를 물려받은 양친의 자식입니다.

● DNA 감정으로 범인을 찾다!

　이러한 DNA 감정은 바로 다음 해 영국에서 일어난 연쇄 강간 살인 사건에서 이용되었습니다. 살인사건이 일어난 마을에서 남성 4,500명의 혈액을 채취해 먼저 혈액형만으로 500명을 선별했습니다. 이들 500명의 DNA 반복배열을 조사해서 현장에 남아 있던 체액의 DNA와 반복배열이 일치하는지 확인한 것이죠.

　유감스럽게도 이 조사에서는 반복배열이 일치하는 사람을 찾을 수 없었습니다. 하지만 나중에 혈액을 바꿔치기한 사람이 존재했다는 사실이 밝혀졌고, 그자의 DNA를 감정했더니 현장의 체액 DNA와 일치했다고 합니다.

　일본에서는 1989년, MCT118형이라고 하는 일본에서 독자적으로 개발한 DNA 감정이 실용화되었습니다. 이는 16개 염기의 반복배열로, 적게는 14번, 많게는 41번의 반복 횟수를 보입니다. 즉, 반복배열이 14번부터 41번까지 28가지 유형이 존재하게 되며, 부친과 모친에게 각각 다른 유전자를 물려받으므로 28×28인 784가지의 가능성이 생긴다는 뜻입니다. 우연히 일치할 확률은 0.001%에 불과하지만 반복 횟수의 출현 빈도가 겹칠 수 있으므로 실제 확률은 조금 높아지겠지요.

이 방법이 등장한 초기에는 궁극의 과학 감정이라고 불리며, 반복배열의 횟수가 일치할 경우 절대적인 증거로 내세웠습니다. 하지만 이 방식에는 커다란 문제점이 존재했습니다. 당시의 실험을 돌이켜보면 실험에 사용한 방법과 장치로는 염기서열의 반복 횟수가 20회인지 21회인지 정확히 알 수 없었기 때문이지요. 검사원을 포함한 경찰 관계자들은 범인이 틀림없다는 믿음으로 DNA 결과를 받아들였습니다. 그러나 당시의 검사는 똑같다고 생각하면 똑같아 보이는 정도의 수준이었던 것입니다.

● 누명을 씌운 것도, 누명을 벗겨준 것도 DNA 감정

이 DNA 감정이 실용화된 다음 해, 도치기현 아시카가시에서 여아 살인사건이 일어나 유치원 버스의 운전기사인 스가야 씨가 체포됩니다. 이른바 '아시카가 사건'입니다. 이 사건은 범인의 자백과 함께 DNA 감정 결과가 증거로 채택되어 무기징역 판결이 내려졌지요. 이 사건의 DNA를 감정하는 데 사용한 방법이 바로 MCT118형입니다.

현재는 MCT118형의 DNA 감정은 시행되지 않으며, 대신 2~5개 염기를 1단위로 하는 미세부수체의 반복배열을 이용해 DNA를 감정합니다. 지놈의 15곳에서 미세부수체를 검사하는 방법으로 대략 10의 20제곱(1핵=1조의 1억 배)분의 1까지 식별하는 것이 가능해졌기 때문입니다. 실험 기기의 성능이 좋아져서 2개 염기의 반복배열, 혹은 염기서열이 15회 반복하는지 16회 반복하는지의 차이까지 식별할 수 있게 된 것이지요.

새로운 DNA 감정법을 이용해 2009년에 아시카가 사건을 재감정한 결과, 스가야 씨는 범인이 아니라는 사실이 판명되어 감옥에서 17년 반 세월을 보낸 후에야 무죄로 석방되었습니다. 오인 체포의 원인도 DNA 감정이었고 무죄를 밝혀낸 것도 DNA 감정이라는 웃지 못할 일이 벌어지고 만 것이지요.

　그렇지만 모두가 "쓸모없어! 허튼짓이야" 하고 무시했던 DNA의 반복 배열을 눈여겨본 알렉 제프리즈의 혜안 덕에 DNA 감정의 첫발을 내딛게 되었네요.

PART 2

세균·식물·동물의
생존 전략

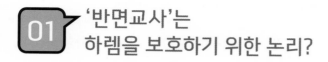

01 '반면교사'는 하렘을 보호하기 위한 논리?

하렘(harem)

한 마리의 수컷이 여러 암컷을 독점하여 교미하는 집단과 사회를 일컫는 말. '일부다처'라고도 한다.

● 수컷과 암컷의 몸집은 얼마나 크기 차이가 날까?

일반적으로 남녀는 키 차이가 나기 마련이지만, 혹시 나라마다 성별에 따른 키 차이가 다른 건 아닐까요? 그래서 나라별 평균 신장을 비교해보 았습니다. 평균 신장이 가장 큰 네덜란드인은 남녀의 신장 차가 약 15cm 입니다. 한편, 평균 신장이 가장 작은 인도네시아인은 남녀의 신장 차가 약 11cm라고 하네요. 즉, 남녀의 키 차이는 세계 어디나 비슷한 수준임 을 알 수 있습니다.

인간을 호모 사피엔스라는 동물로 본다면, 인간의 수컷은 암컷보다 몸집이 크기 때문에 한눈에 수컷과 암컷을 구분할 수 있습니다. 이는 분 명한 사실이지요. 다만 남유럽의 포르투갈이나 스페인은 남녀의 신장 차 가 크지 않은 경향이 있어 이렇듯 약간의 예외가 존재하기도 합니다.

이번에는 사람을 제외한 포유류의 수컷과 암컷의 몸집을 비교해볼까요? 사람처럼 한눈에 수컷을 알아볼 수 있는 포유류로는 사자와 고릴라, 바다표범 등 다양한 예를 들 수 있습니다. 특히, 남방코끼리물범의 수컷과 암컷의 몸집 차이는 엄청나서 수컷의 체중이 암컷의 열 배에 이르기도 합니다.

수컷은 왜 암컷보다 덩치가 클까요? 무언가 이유가 존재하는 게 분명합니다.

● 지상 명령, 하렘을 보호하라!

사자나 고릴라, 바다표범은 일부다처 사회에서 한 마리의 수컷이 여러 마리의 암컷을 소유하는 '하렘'을 형성하고 있습니다. 사자처럼 영속적으로 하렘을 이루며 생활하는 동물이 있는가 하면, 바다표범처럼 생식할 때만 한 마리의 수컷이 다수의 암컷과 모여서 하렘을 형성하는 동물도 있지요. 하렘을 형성하는 수컷에게 가장 중요한 것은 동종의 다른 수컷에게 자신의 하렘을 보호하는 일입니다. 하렘을 형성하지 못한 수컷이 이미 만들어진 다른 하렘을 빼앗으면 먹잇감을 풍족하게 얻을 수 있는 영역을 확보할 수 있을뿐더러, 여러 암컷을 손에 넣어 자신의 자손을 번식할 수도 있기 때문이지요.

하렘의 영역을 둘러싸고 때로는 목숨을 잃을 정도로 격렬한 싸움이 벌어지기도 합니다. 따라서 수컷의 커다란 몸집과 상대방을 공격하기 위해 발달한 턱과 발톱은 하렘을 유지하거나 빼앗는 데 큰 장점으로 작용합니다. 이와 같은 수컷 간의 경쟁이 수컷과 암컷의 신체적 특징에 커다란 차이를 야기하는 것이랍니다.

고릴라 역시 일부다처 사회인 하렘을 형성하기는 하지만, 영장류 전체를 놓고 보면 다양한 무리 사회의 양식이 존재합니다. 긴팔원숭이는 일부일처 사회이며, 침팬지는 복수의 수컷과 복수의 암컷이 함께하는 다부다처 사회입니다. 명주원숭이는 복수의 수컷과 복수의 암컷이 함께 생활하지만, 그중 한 마리의 암컷만 발정하므로 일처다부 사회라고 할 수 있습니다.

● **일부다처, 다부다처 등 다양한 원숭이 사회**

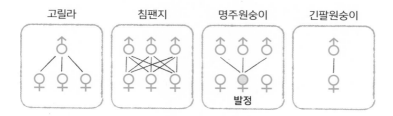

그렇다면 사람은 어떨까요? 사람의 사회에도 일부일처, 일부다처 등 여러 가지 양식이 존재합니다. 몸집의 크기로 보았을 때 사람은 영장류 중에서 중간 위치에 있기 때문에, 남성과 여성의 몸집이 엄청나게 크거나 작지도 않은 적당한 차이를 보이는지도 모르겠네요.

● 자식의 목숨까지 앗아가는 하렘

또 하나, 하렘을 형성하는 동물의 특징으로 수컷이 새끼를 죽이는 '유아살해'가 발생하기도 합니다. 원래 동물 집단에서 일어나는 유아살해는 자신과 동종의 어린 개체를 죽이는 행위를 일컫는 말로, 암컷이 새끼를 죽이거나 수컷이 새끼를 죽이는 두 가지 유형이 존재합니다. 암컷의 유아살해는 생육환경이 나빠져서 새끼를 키울 수 없는 상황이나 스트레스를 받아 새끼를 키우지 못하는 상황에서 일어납니다.

수컷의 유아살해는 '원숭이의 유아살해'나 '사자의 유아살해'라고도 불리는데, 주로 하렘을 형성하고 탈취하는 과정에서 벌어집니다. 포유류는 대체로 새끼를 양육하는 데 많은 시간을 보냅니다. 새끼를 키우는 동안 암컷은 발정을 멈추는데, 이에 하렘을 정복한 수컷이 암컷이 기르던 새끼를 죽여서 암컷이 다시 발정하도록 만드는 겁니다. 다른 수컷에게 언제 다시 하렘을 빼앗길지 모르기에 암컷의 육아가 끝날 때까지 기다리지 못하는 것이지요.

더불어 암컷이 키우는 새끼는 자신의 핏줄이 아니므로, 이를 없애고 암컷에게 새로운 새끼를 낳게 해서 자신의 유전자를 세상에 남기는 것입니다. 자신의 유전자를 남기기 위한 본능에 따라 동족을 죽이는 일은 야생의 세계에서 흔히 일어나곤 합니다. 야생의 세계에서는 인간의 가치관에만 기대지 않고 어떤 일이라도 폭넓은 시각으로 바라볼 줄 아는 자세가 필요하답니다.

'왜웅'에게 배우는 자손 번영의 비결

왜웅(矮雄)
. . . .
암컷에 비해 몸집이 현저하게 작은 수컷을 이른다. 몸의 구조가 극도로 퇴화한 경우가 많다.

● 수컷의 몸집이 커다랄 필요가 없다면?

앞에서 수컷이 암컷보다 큰 동물은 일부다처제를 유지하고 있으며, 동종 수컷 간의 세력 다툼에서 이기기 위해 수컷의 몸집이 대형화되어 성별 간 크기의 차이가 발생한다고 설명했습니다.

이와 반대로 암컷이 수컷보다 몸집이 큰 동물도 존재합니다. 그렇다면 어떤 이유로 수컷과 암컷의 크기 차이가 일어나는 걸까요?

암컷의 몸집이 더 큰 동물은 비교적 몸이 작은 동물, 그리고 포유류보다 어류와 양서류 혹은 무척추동물에서 주로 볼 수 있습니다. 또한, 새끼를 적게 낳아 소중히 키우는 동물보다 알을 대량으로 낳아서 '대충 쏘아도 적중하기 마련'이라는 전략으로 자손을 늘리는 동물에게 더 많이 나타나는 특징이랍니다.

예를 들어, 거미나 사마귀 같은 곤충은 암컷이 수컷보다 큰 경우가 많습니다. 이들 곤충은 알주머니 안에 대량의 알을 낳는데, '거미 새끼 흩어지듯 도망간다'는 일본 속담처럼 알주머니에서 엄청나게 많은 새끼가 부화되어 기어 나옵니다. 알을 많이 낳으면 세상에 자신의 유전자를 남길 확률도 높아지므로 다른 암컷보다 알을 많이 생산하려고 노력합니다.

거미와 사마귀의 암컷은 몸집이 클 뿐만 아니라 난폭하기까지 합니다. 교미할 때 암컷이 눈치채지 못하도록 뒤에서 접근하지 않는다면 수컷이 잡아먹히는 일도 벌어집니다.

그렇다면 수컷이 강해봤자 암컷에게는 별다른 가치가 없는 걸까요? 수컷의 존재보다는 알을 많이 생산해서 자손을 얼마나 남기느냐가 더 중요하므로 암컷의 몸이 커다란 편이 더 유리할 겁니다. 이처럼 암컷끼리 자손 번영을 위한 투쟁을 하다 보니 암컷의 몸집이 점점 대형화되었다고 하네요.

● 비파아귀 수컷의 전략

몸집의 크기와 힘과는 무방하게 생식만 할 수 있다면 상관없는 동물 중에서 수컷이 암컷보다 극단적으로 작아질 때가 있습니다. 이러한 수컷을 '왜웅'이라고 하며 어류, 절지동물, 연체동물에서 볼 수 있습니다. 예컨대, 아귀 종류는 보통 수컷의 크기가 작으며, 식재료용으로 시장에 나오는 것도 대부분 암컷 아귀랍니다.

아귀 중에서도 심해에 사는 초롱아귀의 일종인 비파아귀는 암컷의 길이가 2m에 이를 만큼 거대한 몸집을 자랑합니다. 그에 비해 수컷은 겨우

15cm에 불과하지요.

아귀는 바닷속 헤엄에 능숙하지 않은 데다, 심해에서는 자신과 같은 종을 마주치기도 쉽지 않습니다. 그래서 비파아귀의 수컷이 암컷을 만나면 두 번 다시 헤어지지 않도록 암컷의 피부를 꽉 물고 떨어지지 않으려고 합니다. 계속해서 암컷을 물고 붙어 있다 보면 수컷의 입 주변의 피부가 암컷의 피부와 융합되고 점차 눈과 심장도 사라지게 됩니다. 결국에는 혈관도 암컷과 융합되어서 수컷은 암컷의 혈관을 통해 영양을 흡수하게 되지요.

그렇다고 전부 소실되지는 않습니다. 수컷의 정소만은 남아서 이제 정자 주머니만이 남은 하나의 '기관'으로서 임무를 수행할 뿐이지요. 만약 암컷의 피부에 돌기가 튀어나와 있다면 그것은 암컷에 융합된 수컷입니다. 때로는 한 마리의 암컷에 복수의 돌기(수컷)가 돋아 있는 모습도 볼 수 있답니다. 어쩌면 비파아귀의 암컷은 달라붙어 있는 수컷에 전혀 신경을 쓰지 않는지도 모르겠네요.

● **암컷에 기생하다 사라지는 비파아귀의 수컷**

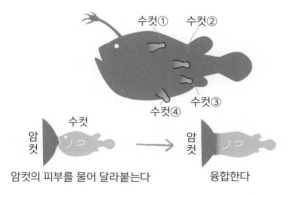

● 수컷의 마지막 임무, 정자를 생산하라!

수컷이 퇴화하는 비슷한 예로 절지동물인 주머니벌레를 들 수 있습니다. 주머니벌레는 새우·게와 같은 갑각류지만, 다른 새우나 게에 기생하며 살아갑니다.

일반적으로 게의 배딱지에는 배를 감싸는 마디 부분이 있는데, 암컷은 이 마디가 크고 둥글며 그 안에서 새끼를 양육합니다. 주머니벌레의 암컷은 게의 배딱지 안에 기생합니다. 그리고 숙주인 게의 체내에 식물의 뿌리처럼 가지를 뻗어 영양을 흡수하며 자신의 난소를 생성해 게의 보호를 받지요.

게를 겉에서 관찰했을 때, 배딱지에서 흘러나오는 부분은 주머니벌레의 난소이며 몸은 게의 내부에 자리 잡고 있습니다. 게의 배딱지 뒤에 숨어 있는 주머니벌레의 몸은 아주 작은데, 그나마도 이 작은 몸속의 대부분은 난소로 채워져 있습니다. 예전에 일본 후생노동성 장관이 '여성은 자식을 낳는 기계'라는 발언을 해서 사회적으로 물의를 일으킨 적이 있었는데, 주머니벌레의 암컷은 말 그대로 '알 낳는 기계'라고 불러도 무색하지 않을 정도랍니다.

그런데 더 놀라운 건 이 난소 안에 수컷 주머니벌레가 존재하며, 그 크기는 현미경으로 겨우 보일 정도입니다. 이 수컷의 몸은 대부분 퇴화하여 생체 기능을 잃었으며 정자를 생산하는 정소만 남아 있습니다. 비파아귀의 수컷은 자신의 피부나 혈관·근육이 조금이나마 남아 있지만, 주머니벌레의 수컷은 겨우 정소만 남아 있습니다. 바꿔 말하면 암컷 주머니벌레를 구성하는 하나의 기관일 뿐이지요. 수컷 주머니벌레야말로 수컷의 마지막 임무를 다하는 왜웅이라고 할 수 있지 않을까요?

인간 사회에서 '여성에게 얹혀사는' 남성이 존재하는 것과는 다르게, 작고 위엄은 없을지언정 온몸을 다해 자손 번영에 애쓰는 수컷의 모습은 칭찬받을 만합니다.

● **새우나 게에 기생해서 살아가는 주머니벌레**

게의 배딱지

배딱지 밑으로 게의 알처럼 보이는 노란색 부분은
사실 주머니벌레의 난소다.

03 '공진화'로 번영을 손에 넣은 국화과 식물

공진화(供進化)

곤충은 식물에 의존하고 식물 역시 곤충에게 의존하며 함께 진화하고 번영해왔다. 서로에게 없어서는 안 될 관계를 통해 변화하는 것을 뜻한다.

● 국화는 여러 꽃이 한데 모여 있는 꽃다발

현재 지구상에서 가장 왕성하게 번식한 꽃은 무엇일까요? 바로 국화과의 꽃입니다. 예컨대 국화과인 민들레를 한번 살펴볼까요? 우리가 한 송이 민들레라고 생각하는 그 꽃은 사실 하나의 꽃이 아니라 여러 송이의 낱꽃이 모여 겹꽃을 이루는 형태를 띠고 있습니다. 작은 꽃잎 하나하나에 수술과 암술이 있어서 수분이 이뤄진 후에는 각각의 꽃에 종자가 만들어져서 솜털과 함께 홀씨의 형태로 날아갑니다.

국화과의 꽃에는 국화나 민들레 외에도 봄망초, 떡쑥, 백일홍, 해바라기, 코스모스, 마거리트 등 우리에게 익숙하게 알려진 꽃들이 많이 존재합니다. 모두 여러 개의 작은 꽃이 모여 겹꽃을 이룬 **'두상꽃차례'**

의 형태를 띠고 있으며, 두화라고도 부릅니다. 꽃은 바깥쪽부터 순서대로 개화한답니다.

　백일홍의 두상꽃차례 구조를 살펴볼까요. 사진 속의 백일홍이 사실 여러 개의 작은 꽃으로 이루어졌다고 설명하면 대부분은 깜짝 놀랍니다. 이 백일홍의 두상꽃차례는 두 종류의 꽃으로 이루어졌습니다. 바깥쪽에 한 장의 꽃잎처럼 보이는 부분은 설상화로, 여러 장의 꽃잎이 한데 붙어 있는 모양입니다. 암술머리가 두 개로 갈라진 암술이 돋아 있지요. 안쪽에 별처럼 보이는 꽃은 관상화로, 대롱 모양 꽃잎이 다섯 개로 나뉘어 있어 다섯 장의 꽃잎으로 이어진 합변화라는 사실을 알 수 있습니다. 꽃잎 안에 암술과 암술대를 둘러싼 수술을 관찰할 수 있습니다.

　양쪽 꽃 모두 수분이 이뤄진 뒤에는 꽃의 기부에 납작한 종자를 만들어냅니다. 하나의 두상꽃차례에서 많은 종자가 생성되는 것이랍니다.

백일홍의 꽃차례
작은 꽃이 여러 송이 모여 있는 국화과의 두상꽃차례. 바깥에는 설상화, 안쪽에는 관상화가 핀다. 바깥부터 순서대로 개화하여 수분이 확실히 이루어지도록 한다.

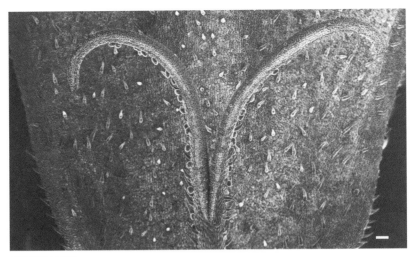

백일홍의 설상화
꽃잎과 두 개로 갈라진 암술머리 (축척 바 0.1mm)

● 수분 성공률을 높여라

국화과의 두상꽃차례를 관찰하다 보면 꽃 주변을 꾸물꾸물 기어 다니는 벌레가 종종 눈에 띄곤 합니다. 실은 이것이 국화과의 꽃이 번성할 수 있었던 이유랍니다. 국화과의 꽃은 개화·성숙 시기가 다른 여러 꽃이 한데 모여 있어 곤충에 의한 수분 성공률이 매우 높은 편입니다. 꽃가루에도 수분을 돕는 비밀병기가 숨어 있는데요, 백일홍의 꽃가루는 삐죽삐죽한 돌기가 있어서 날아드는 곤충에 쉽게 달라붙는다고 합니다.

국화과에는 돼지풀 같은 풍매화도 존재합니다. 풍매화는 충매화와는 다르게 곤충을 불러들이려고 노력하지 않습니다. 다만 꽃가루를 바람에 대량으로 날려 보내서 꽃가루 알레르기의 원인이 되기도 한답니다.

● 백일홍의 두상꽃차례

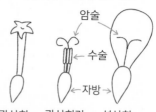

바깥쪽부터 차례대로 개화

관상화

암술

관상화가
개화한 후에
꽃잎을 떼어낸 모습

수술

자방

설상화

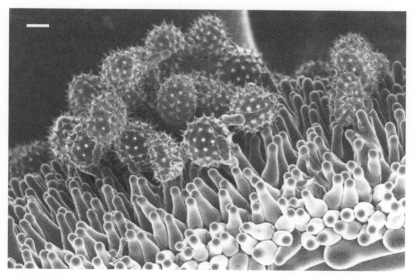

백일홍의 수분
암술머리에 꽃가루가 잔뜩 붙어 있다. 꽃가루에서 화분관이 뻗어나간다.
암술머리의 유두조직으로 뻗어나가는 화분관도 있다. (축척 바 0.01mm)

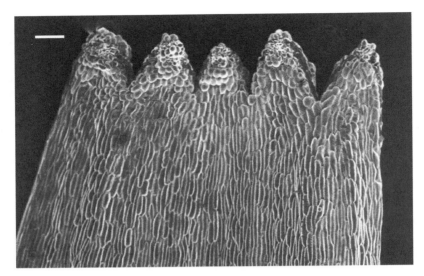

민들레의 꽃잎
민들레의 두상꽃차례는 설상화만으로 이루어졌다. 꽃잎 끝이 다섯 개로 갈라져 있어,
다섯 장의 꽃잎이 합쳐졌다는 사실을 알 수 있다. (축척 바 0.1mm)

● 색이 변하는 꽃, 란타나

란타나는 뒤뜰이나 길가에서 쉽게 눈에 띄는 꽃입니다. 란타나 역시
작은 꽃이 모여 있는 두상꽃차례인데, 개화한 후 시간 흐름에 따라 색이
여러 번 변하기에 일곱 가지 색으로 변한다는 뜻의 칠변화(七變花)라는
이름으로도 불립니다. 번식력이 강한 탓에 호주와 동남아시아에서는 야
생 란타나가 대량으로 퍼져서 문제가 되고 있다고도 합니다.

란타나는 바깥쪽부터 꽃이 피기 시작하는데, 개화 직후에는 노란색,
시간이 지나면서 분홍이나 붉은색 혹은 주황색 꽃이 피며 화사한 모습
을 뽐내곤 하지요.

수술은 꽃잎 안쪽에 자리 잡고 있습니다. 꽃잎을 열어서 관찰해보면

개화 직후 노란색 꽃의 꽃밥에는 꽃가루가 빼곡히 들어차 있지만, 시간이 지난 뒤 피는 붉은색과 분홍색 꽃의 꽃밥은 갈색으로 변해서 꽃가루가 거의 사라지고 없습니다. 맨 처음 개화한 노란색 꽃에 곤충이 훨씬 많이 찾아온다는 뜻이겠지요. 꽃과 곤충 사이의 밀고 당기는 관계를 이런 식으로 슬쩍 엿볼 수도 있답니다.

● 곤충과 식물의 떼려야 뗄 수 없는 관계

수억 년 전 육지로 올라온 식물은 이끼에서 풀고사리로, 겉씨식물에서 속씨식물로 진화해왔습니다. 지금은 육지 대부분이 녹색 식물로 덮여 있는데, 그중에서도 꽃이 피는 속씨식물이 가장 큰 번영을 누리고 있지요. 하지만 식물은 단독으로 진화할 수 없습니다. 곤충은 식물과 매우 깊은 관계를 맺고 있어 식물을 영양원으로 삼거나 휴식 공간, 또는 산란 장소로 이용해왔습니다. 특정 곤충은 좋아하는 식물이 정해져 있는 경우가 많아서 곤충을 채집하려면 잡으려는 곤충이 좋아하는 식물을 먼저 조사해두는 편이 유리할지 모릅니다. 이러한 점 때문인지 매미충 분야의 세계적인 분류학자인 사이타마대학 연구실의 하야시 마사미 교수는 곤충의 주거지인 식물의 생태와 분포, 형태에 관해서도 놀라울 정도로 풍부한 지식을 갖추고 있습니다.

곤충에게 수분을 의지하는 충매화에게 있어 곤충은 없어서는 안 될 존재입니다. 그러니 곤충을 끌어들여 꽃가루를 운반하게 하려고 부단한 노력을 기울여왔을 테지요. 이처럼 서로 의존하며 진화해온 곤충과 식물을 **공진화** 관계라고 합니다.

● 곤충을 꿀샘으로 유도하는 허니 가이드

화사한 꽃잎과 꿀샘, 진한 꽃향기는 충매화의 특징입니다. 아주 오래 전부터 사람들은 꿀벌이 꽃에서 채취한 벌꿀을 채집했습니다. 장미나 재스민, 금목서의 진한 꽃향기도 우리의 생활을 풍요롭게 꾸며주지요. 가지각색의 꽃잎은 원래 곤충을 불러들이기 위해 진화한 것이지만 사람에게도 아름답게 느껴져서 꽃을 재배하고 생활에서 즐기게 되었습니다.

그런데 곤충의 눈으로 보는 색은 사람이 보는 색과는 조금 다릅니다. 곤충은 자외선 영역도 볼 수 있는데, 이를 확인하고자 특수한 필름으로 꽃을 촬영하면 꽃의 중심부로 곤충을 유도하는 특별한 모양이 보입니다. 이 모양을 꿀샘으로 유도하는 허니 가이드라고 합니다.

사과나 딸기 등을 재배하는 과수농가에서는 정확한 수분과 풍성한 과실을 맺기 위해 꿀벌을 이용하곤 하는데, 사람의 손으로 직접 하는 인공수분보다 효과가 좋다고 합니다.

04 세력권행동이 만들어낸 자연의 특효약

세력권(텃세)

특정 동물이나 집단이 다른 집단을 행동으로 배제하는 자신들만의 영역을 뜻하며, 이러한 행동을 '세력권행동'이라고 한다.

● 동물계의 여러 가지 세력권행동

동물들은 자신의 영역을 만들어 "여긴 얼씬거리지도 마!" 하고 주장하며 다른 동물 혹은 집단과 서로 다툼을 일으키곤 합니다.

이는 척추동물, 무척추동물을 가리지 않고 다양한 동물에게 나타나는 행동입니다. 예를 들어 은어는 자신의 영역을 침입한 다른 은어를 필사적으로 쫓아내며 거친 **세력권행동**을 보이곤 합니다. 휘파람새는 '호로롱' 하고 맑고 예쁜 소리로 지저귀며 자신의 세력권을 주장하지요. 이처럼 동물에 따라 자신의 세력권을 지키는 방법은 제각기 다르답니다.

세력권을 형성하는 이유 또한 다양합니다. 먹잇감을 확보하기 위해, 번식의 기회를 늘리기 위해, 좋은 환경의 보금자리를 위해 등등 다양한 이유가 존재하며 이들 중 하나, 혹은 여러 이유가 원인이 되기도 합니다.

세력권행동은 초식동물보다 육식동물에게 흔히 볼 수 있습니다. 사바나에 사는 사자나 치타는 매일 먹잇감을 사냥할 수 있는 확률이 초식동물보다 압도적으로 적습니다. 먹잇감을 많이 얻으려면 자신의 세력권을 확실히 보호해서 다른 육식동물에게 빼앗기는 일 없이 먹잇감을 확보할 필요가 있는 것이지요.

이처럼 동물은 각자의 먹잇감을 확보하기 위해 세력권행동을 보이지만, 세력권행동 전체를 두고 봤을 때 사자와 치타 같은 동물의 개체 수를 분산시키면 특정 지역의 먹이 자원이 한꺼번에 사라지는 현상을 막을 수 있어 자연환경을 보호하는 데 간접적인 도움을 준다고 합니다.

● **세력권행동과 생태계의 관계**

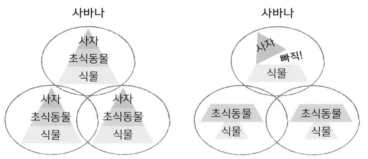

각 세력권에서 생태계가 유지된다.　　세력권이 없으면 생태계 교란이 일어난다.

● 개척자의 세력권 의식 vs 원주민의 세력권 의식

우리 인간도 수렵 생활을 하던 시절에는 자연스레 세력권을 형성했을 테지요. 지금도 곳곳에서 세력권행동을 찾아볼 수 있습니다. 예컨대 이웃과 땅의 경계선 문제로 다투기도 하고, 국가 간에도 국경선과 섬의 영유권을 주장하며 서로 양보하지 않아 세계 여러 곳에서 분쟁이 일어나고 있으니까요.

인간에게도 자연스레 세력권행동이 나타난다고는 하지만, 세력권에 관한 사고방식은 인종이나 민족에 따라 다릅니다. 세력권을 뜻하는 일본어 '나와바리'는 줄을 긋고 명확한 경계선을 만드는 행동인 데 반해, 같은 뜻의 영어 '**테리토리**(territory)'의 어원은 고대제국에서 지배하던 주변 지역을 뜻한다고 합니다.

미국의 원주민인 인디언은 자연과 함께 살아오면서 세력권을 영속적이라고 생각하지 않았습니다. 일정 토지에 수년간 체류하며 수렵과 농경활동을 하고 그 토지를 다시 자연으로 돌려보내는 생활을 지켜왔지요.

그러던 중 유럽에서 개척자들이 몰려왔는데, 유럽에서는 토지도 없이 빈곤하게 살았던 개척자들이 미국에 아직 손도 대지 않은 광활한 땅이 남아 있다는 사실에 몹시 기뻐하며 자신들의 영역을 만들기 시작했습니다. 개척자들에게 토지는 곧 부의 상징이었으니까요.

한편, 인디언들은 미국으로 건너온 사람들에게 토지의 개간법이나 농경법을 알려주는 등 개척자들을 친절히 맞아주었지요. 하지만 그들은 몇 년이 지나도 토지에서 나가려들지 않았습니다. "처음하고 이야기가 다르잖아!" 하고 인디언과 개척자 사이에서 분쟁이 발생한 이유는 바로 '세력권'에 관한 의식의 차이 때문이었답니다.

● 은어 꾐낚시가 주는 교훈
직장에서 파벌 다툼을 이용해 자신의 지위를 다지는 등, 인간 사회에서도 자신의 목적을 위해 세력권행동을 이용하는 사례를 흔히 찾아볼 수 있습니다. 이번에는 생물의 세력권행동과 우리가 연관된 사례를 몇 가지 알아볼까요.

첫 번째는 **은어 꾐낚시**입니다. 은어는 맑은 물에 살면서 돌에 붙은 이끼나 조류를 먹는 초식성 어류입니다. 초식동물은 세력권행동이 드물다고 앞에서 설명했지만, 은어는 예외적으로 먹이 자원의 확보를 위해 세력권행동을 행사합니다. 은어의 세력권행동을 거꾸로 이용한 방법이 은어 꾐낚시랍니다. 은어를 미끼로 사용해 은어의 세력권을 일부러 침범하면 세력권을 보호하려는 은어가 미끼용 은어를 몸으로 밀어내려고 합니다. 그때 잽싸게 낚아채는 것이지요. 은어의 세력권행동 습성을 인간이 거꾸로 이용한 낚시법이라고 할 수 있습니다.

우리 사회에서도 직장 내 회의 같은 자리에서 경쟁 상대를 일부러 자극해 실수하게 만드는 모략가가 사용할 만한 방법입니다. 이런 방법에 당하지 않도록 조심해야겠네요.

● 푸른곰팡이의 세력권행동을 이용한 특효약

은어 꾐낚시보다 더 큰 교훈을 주는 생물의 행동이 있습니다. 바로 세균의 세력권행동이지요. 세균은 같은 종끼리 순식간에 증식해서 콜로니(colony)라는 집단을 형성합니다. 한천을 깔아놓은 페트리 접시에 동그랗게 흩어져 있는 하얀 점 하나하나가 바로 콜로니랍니다.

원시적인 세균이라도 만약 다른 세균이 자신의 세력권을 침입하면 그 세균을 제거하려고 화학물질을 내보냅니다. 이 화학물질이 우리가 의료에 사용하고 있는 **'항생물질'**이지요.

● 항생물질을 발견한 플레밍과 왁스만

플레밍(영국)
페니실린의 발견으로 1945년
노벨 생리의학상을 받았다.

왁스만(미국)
스트렙토마이신의 발견으로 1952년
노벨 생리의학상을 받았다.

1928년, 영국의 알렉산더 플레밍(Alexander Fleming)이 포도구균을 배양하고 있던 페트리 접시를 깜박하고 내버려두었더니 그 안에 푸른곰팡이가 증식하고 말았습니다. 푸른곰팡이를 버리려고 페트리 접시 안을 들여다보는데, 식중독을 일으키는 '포도구균'이 웬일인지 푸른곰팡이의 콜로니 주변에만 생성되지 않았습니다. 푸른곰팡이의 무언가가 포도구균을 접근하지 못하게 한 것이었지요.

플레밍은 푸른곰팡이가 방출하는 물질이 무엇인지 끈질기게 파고들어 세계 최초의 항생물질인 '**페니실린**'을 발견했습니다. 즉, 푸른곰팡이가 세력권행동으로 다른 세균의 침입을 막기 위해 사용한 물질이 페니실린이며, 그것을 추출해서 인간의 일상생활에 이용하게 된 것이지요. 페니실린은 제2차 세계대전 중에 대량생산이 가능해져서 그전까지 상처의 세균감염을 막을 방도가 없었던 많은 병사의 목숨을 구할 수 있었습니다.

페니실린을 발견한 이후로 다양한 세균에서 항생물질을 순수한 형태로 분리하는 단리가 여러 차례 성공을 거두었습니다. 1944년, 미국의 왁스만(Selman Waksman)은 토양에 생식하는 방선균이 세력권행동을 할 때 방출하는 항생물질인 **'스트렙토마이신'**을 발견했습니다. 스트렙토마이신을 발견한 덕에 당시 '죽음의 병'이라고 여겼던 결핵을 치료할 수 있게 되었지요.

인간의 세력권행동은 말다툼 끝에 재판을 하거나 전쟁에 이르는 등 바람직하지 못한 상황으로 이어질 때가 많습니다. 하지만 우리가 생물 사회의 세력권행동을 현명하게 활용하면 이처럼 일상생활에 도움을 주는 물질을 개발할 수 있다는 사실도 기억해두었으면 합니다.

05 항생물질과 세균 사이의 끊임없는 악순환

항생물질

미생물이 방출하는 화학물질로 세균이나 다른 미생물의 발육을 제어한다. 천연물질에서 발견했지만, 지금은 합성된 개량형까지 개발되었다.

● 상처로 침입하는 세균

넘어져서 까지거나 베인 상처가 생겼을 때 그대로 방치하면 붉게 부어오르고 고름이 생깁니다. 이 고름은 상처를 통해 들어온 세균을 쫓아내기 위해 싸우는 백혈구가 포함된 액체입니다. 보통 피부나 코의 점막에 살고 있는 황색포도구균이나 녹농균 등이 이러한 고름을 만들며, 건강할 때는 감염되는 일이 거의 없습니다.

하지만 상처가 생기면 이러한 세균이 체내에 들어와 인간의 체액을 영양분 삼아서 점점 증식해가곤 합니다. 증식하면서 생긴 고름이 노랗게 보여서 **황색포도구균**, 녹색으로 보여서 **녹농균**이라는 이름이 붙게 되었답니다.

상처가 깊으면 그만큼 체내 깊숙이 세균이 비집고 들어가 심각한 증상을 일으키기도 합니다. 특히 제2차 세계대전 중에는 전쟁으로 입은 상처가 깊고 위생 상태도 좋지 않아 감염증으로 수많은 병사가 목숨을 잃고 말았지요. 이런 상황에서 앞서 설명한 항생물질인 페니실린이 발견되어 대량생산되었고, 황색포도구균과 연쇄구균의 증식을 막아 많은 병사의 목숨을 구할 수 있었답니다.

● 페니실린의 효과가 없어졌다?!

페니실린이 개발되고는 이 특효약의 엄청난 효과에 놀라움과 찬사를 보내지 않을 수가 없었지요. 하지만 몇 년이 지난 후 그 효과에 그늘이 드리워지기 시작했습니다. 페니실린을 분해하는 효소를 내뿜는 새로운 타입의 황색포도구균이 등장해 특히 페니실린을 많이 사용하는 병원 내로 퍼져 나갔기 때문입니다.

그러자 새로운 효소에 페니실린이 분해되지 않도록 화학적으로 변화를 준 '메티실린'이라는 새로운 항생물질을 개발했습니다. 메티실린의 투여로 새로운 타입의 균을 퇴치할 수 있어 천만다행이라고 안심하고 있던 사이, 이번에는 메티실린에 내성을 지닌 더 새로운 형태의 황색포도구균이 등장해서 널리 퍼지고 말았습니다.

바로 'MRSA(Methicillin-resistant Staphylococcus aureus, 메티실린 내성 황색포도구균)'라는 균입니다.

종종 뉴스에서 '종합병원에서 MRSA에 감염된 환자가 사망했다'는 소식을 들은 적이 있을 겁니다. 앞에서 설명한 것처럼 건강한 사람이 황색포도구균에 감염되는 일은 좀처럼 일어나지 않습니다. 하지만 상처나 병으로 면역력이 약해져서 몸에 상주하는 세균조차 저항하지 못할 때는 항생물질을 투여해야만 합니다. 항생물질로 세균을 거의 제거한 취약한 몸에, 항생물질이 전혀 듣지 않는 MRSA가 공격을 하게 되면 속수무책으로 당하게 되는 것이죠.

● **세균과 항생물질 간의 끝없는 싸움**

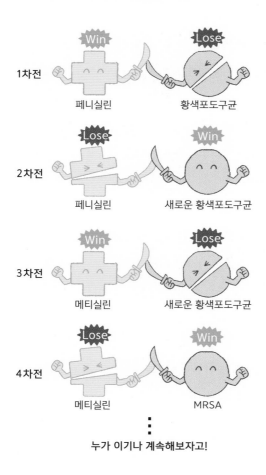

페니실린이 발견된 후로 현재까지 500종류가 넘는 항생물질이 개발되었습니다. 또한 이들 항생물질의 내성균도 계속해서 발견되고 있지요. 세균의 뛰어난 적응 능력은 놀라울 따름입니다. 앞으로도 인간이 개발해낼 항생물질과 그에 대항하는 내성균이 탄생하는 악순환은 계속될 테지만, 인간이 그 경쟁에서 질 수는 없는 노릇입니다.

● 상처로 포도구균이 들어오면 어떻게 될까?

세균이 몸속으로 침입하면 우리의 몸에 어떤 나쁜 영향을 주는 걸까요? 황색포도구균을 예로 들어 최악의 시나리오를 상상해봅시다.

상처로 인해 감염된 포도구균은 우선 사람의 세포에 끈적끈적하게 달라붙습니다. 그리고는 프로테이스라는 효소를 배출해서 사람의 세포를 파괴하기 시작합니다. 게다가 혈액의 응고인자를 활성화해서 정맥혈의 순환을 방해합니다. 순환이 멈추면 혈액을 따라 순환하는 항체와 호중성백혈구가 포도구균이 머무르는 곳까지 미치지 못하는 것이지요.

제멋대로 방치된 포도구균은 점점 분열과 증식을 반복합니다. 증식한 포도구균은 혈류를 타고 다양한 부위로 이동해서 알파(α)용혈 독소를 배출하고 적혈구 막에 구멍을 뚫어서 용혈을 일으킵니다. 게다가 '류코시딘'이라는 독소를 배출해서 체내에서 면역을 담당하는 대식세포 등의 식세포를 파괴하기도 하지요.

체내의 이상 사태를 감지한 면역 시스템은 면역계의 최종병기인 T세포를 출동시켜서 침입한 포도구균을 퇴치하려고 합니다. 하지만 그때는 이미 포도구균이 대량으로 증식해서 엄청난 독소를 내뿜고 있을 테지요. 전력으로 대항해야 한다는 것을 깨달은 T세포는 다른 면역세포들을 활성화하기 위해 사이토카인(면역관계의 정보를 전달하는 단백질)을 있는 힘껏 산출해냅니다.

하지만 이 T세포의 노력이 반대로 우리 몸에 나쁜 영향을 줄 때도 있습니다. 면역체계의 과민 반응으로 고열과 오한, 쇼크 등의 위독한 증상이 나타나 패혈증을 일으키기도 하니까요. 안색이 창백해져서 쓰러지면 그대로 죽음에 이를 가능성도 있답니다.

● 입으로 포도구균이 들어오면 어떻게 될까?

상처가 아닌 입으로 대량의 포도구균이 들어올 때도 있습니다. 이때의 최악의 시나리오는 무엇인지 알아볼까요?

황색포도구균은 엔테로톡신이라는 단백질 독소를 산출해서 식중독을 일으킵니다. 엔테로톡신은 표적 장기에 도달해 신경을 자극하고 설사나 구토를 유발하는 독소입니다.

2000년, 일본에서는 이 황색포도구균이 원인이 되어 근래에 보기 드문 집단 식중독 사건이 일어났습니다. 가공우유를 마신 1만 5,000여 명이 구토와 설사 등의 증상을 보인 것이지요. 당시 일본 유제품 업계 최고 자리에 있던 유키지루시 유업은 이 사건의 영향으로 경영이 어려워져 나라에서 경영 재건 지원을 받기도 했답니다.

당시의 유제품 업계는 위생관리 방면의 선두주자였고 HACCP의 인증도 받았지만, 매뉴얼을 정확히 지키지 않은 채 작업을 계속해왔다고 합니다. 게다가 매뉴얼을 잘 지켰다 하더라도 예상을 벗어나는 일은 언제나 발생할 수 있습니다. 평소 위생에 대한 과신과 매뉴얼 무시, 예측불허의 상황을 대응하지 못한 점이 문제가 된 사건이었습니다. 가공하지 않은 날것의 식품을 취급하는 업계에서는 균의 침입을 방어하는 노력을 게을리해서는 안 될 것입니다.

PART 3

생명을 유지하기 위한 생물의 구조

01 생물에게 배우는 기술, 바이오미메틱스

바이오미메틱스(biomimetics, 생체모방기술)
· ·
생물이 오랜 시간에 걸쳐 형성한 형태와 기능을 모방하여 응용하는 기술을 뜻한다. 생물의 다양한 생명 활동을 관찰하며 힌트를 얻는다.

● 식물의 가시에서 힌트를 얻은 벨크로 테이프

가을 들판을 돌아다니다 보면 잡초의 씨앗이 나도 모르게 옷에 달라붙은 적이 있지요? 가시처럼 뾰족한 씨앗이나 열매를 일부러 친구들의 옷에 붙이며 놀았던 어릴 적 기억도 나네요.

스스로 이동할 수 없는 식물은 어떻게든 동물에게 자신의 씨앗을 붙여서 그 힘으로 자신의 분포 지역을 멀리까지 넓히려고 합니다. 옷에 달라붙은 씨앗이 바로 그것이죠.

잘 달라붙는 흰도깨비바늘의 종자를 전자현미경으로 관찰해보면, 크고 날카로운 가시와 함께 작은 가시가 돋아 있어서 한번 붙으면 웬만해선 떼어내기 어려운 구조라는 것을 알 수 있습니다. 황무지도둑놈의갈고리의 꼬투리도 옷에 한번 달라붙으면 세탁기로 옷을 빨아도 잘 떨어지지 않을 정도입니다. 꼬투리의 표면 구조를 자세히 살펴보면 갈고리 모양의 돌기가 잔뜩 돋아 있는 것을 볼 수 있습니다. 이런 구조로 이루어졌으니 쉽게 떨어질 리가 없겠지요.

이렇게 달라붙는 종자의 구조를 참고하여 개발한 것이 바로 벨크로 테이프입니다. 고리 모양의 부드러운 섬유 테이프와 갈고리 모양의 섬유 테이프를 겹치면 딱 달라붙어서 쉽게 떼어낼 수 없답니다. 이처럼 생물의 형태와 기능을 모방해서 제품화하는 기술을 **'바이오미메틱스'**라고 합니다.

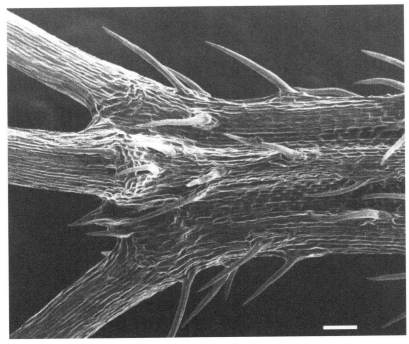

흰도깨비바늘의 종자
표면 끝에 뾰족한 바늘이 돋아 있다. (축척 바 0.1mm)

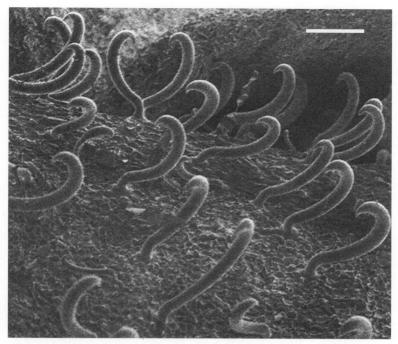

황무지도둑놈의갈고리 꼬투리
갈고리 모양의 돌기가 보인다. (축척 바 0.1mm)

● 연잎의 발수구조와 요구르트의 뚜껑

연잎의 발수구조도 유명합니다. 연잎 위에서는 물방울이 데굴데굴 굴러 떨어지지요. 같은 연못에 사는 수련이나 노랑어리연꽃의 잎사귀 위에서는 물방울이 그렇게 굴러다니는 모습을 볼 수 없는데 말이죠.

그래서 연잎을 전자현미경으로 들여다보았더니, 왁스로 덮인 돌기가 규칙적으로 돋아 있는 모습을 관찰할 수 있었습니다. 각각의 돌기에는 더 작은 돌기가 잔뜩 돋아 있습니다. 이 구조를 모방한 제품은 다양한데, 최근에는 뚜껑에 요구르트가 묻어나지 않는 용기가 개발되었다고 합니다. 이 용기의 뚜껑은 연잎의 표면처럼 미세한 돌기로 가공했다고 하네요.

　이 제품은 기도를 드리러 신사에 갔던 한 중소기업의 사장이 연잎을 보고 힌트를 얻어 제작했다고 합니다. 10년 이상 요구르트가 묻지 않는 뚜껑을 개발하려고 노력해온 그가 신사 뒤편에 있던 연못의 연잎을 보고 불현듯 영감을 얻은 것이지요. 물을 튕겨내는 연잎에 요구르트를 떨어뜨렸더니 구슬처럼 연잎 위를 대굴대굴 구르는 모습을 보고 바로 연잎 표면의 구조를 연구하기 시작했다고 합니다.

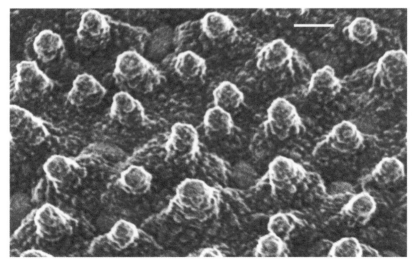

연잎의 표면
연잎 표면의 돌기에는 더 작은 입자의 돌기가 가득 돋아 있다. (축척 바 0.01mm)

● 신비한 생물의 세계에 눈을 뜨다

동물의 구조를 모방한 바이오미메틱스도 있습니다. 몇 년 전에는 상어의 피부 조직을 모방해 더 빠른 속도를 내는 수영복이 개발되어 화제가 된 적이 있었지요. 도마뱀붙이의 손바닥 구조를 응용한 점착제도 개발되었습니다. 또한 축축한 곳에서도 곰팡이가 생기지 않고 언제나 깨끗함을 유지하는 달팽이의 껍데기 구조를 응용한 건축자재도 개발되어 사용되고 있습니다.

우리가 참고할 수 있는 생물의 구조와 기능은 아직 수없이 많이 남아 있습니다. 먼저 관찰할 수 있는 안목을 기르고 신비한 자연 현상을 눈여겨보는 일부터 시작해볼까요?

02 주목받고 있는 DNA 기술

DNA 기술

생명의 설계도인 DNA를 부품으로 이용하여 다양한 나노 사이즈의 제품을 구축하는 일을 말한다.

● 극소 세계를 주목한 기술혁신

DNA를 구성하는 네 가지 염기서열은 언뜻 무질서하게 보이지만, 그 DNA 배열에 생명의 설계도가 모두 기록되어 있습니다. DNA에 새겨진 생명의 설계도는 오랜 시간에 걸쳐 기억되어 언제라도 정확히 복제할 수 있으며 유전정보를 자식이나 손자에게 전달할 수도 있지요. 최신 생명공학 기술을 이용해 지금으로부터 5,000년 전의 미라에서 DNA를 채집해 유전정보를 해독했다는 뉴스를 들은 적이 있을 겁니다. 이처럼 DNA는 정확하게 복제할 수 있으며 장기 보존할 수 있는 특징을 지녔습니다.

세포 하나의 DNA를 길게 늘어뜨리면 2m나 된다고 하지만 지름은 2nm(나노미터, 1나노미터=1m의 10억분의 1)에 불과한 아주 작은 사이즈입니다. 보통의 광학현미경으로는 이처럼 작은 DNA의 이중나선을 관찰할 수 없으므로 전자현미경을 사용해야만 하지요. 이렇게 말도 안 되게 작은 DNA를 부품으로 이용하는 **DNA 기술**이 최근에 주목을 받고 있습니다.

● DNA를 기억매체로 이용한다?

DNA 기술의 하나로 DNA를 '기억매체'로 이용하고자 하는 연구개발이 현재 진행되고 있습니다.

우리는 문자나 사진을 디지털로 변환해서 컴퓨터에 보존하지요. 일반적인 컴퓨터는 0과 1로 표기하는 2진법이라고 하는 체계를 사용하여 데이터를 기억합니다. 그런데 DNA의 염기는 A, T, G, C의 네 종류가 있으니 4진법으로 표기된다고 할 수 있지요. 컴퓨터와 비교하면 DNA가 한 단위당 두 배 더 많은 기억능력을 지닌 것입니다. 즉, 염기 네 개로 8비트(bit)를 표기할 수 있으며 같은 데이터를 기억한다면 DNA 양이 더 적게 필요한 셈이지요.

이론상으로는 1g의 DNA로 2PB(페타바이트, 1페타바이트=1기가바이트의 약 100만 배)의 데이터를 기억할 수 있는데, 이는 DVD 디스크 40만 장 분량의 데이터에 맞먹는 양입니다. DNA는 생물의 구성 물질이므로 가령 데이터를 입력시킨 DNA를 인체에 주입해서 보존하는 것도 불가능한 일만은 아니겠지요. 다만 현시점에서는 엄청난 비용과 시간이 필요하며 실용화되기까지는 넘어야 할 장벽이 한두 개가 아닙니다. 하지만 DNA의 염기 순서를 인공적으로 바꾸거나 읽어내는 일은 이미 기술적으로 가능하다고 하네요.

● 컴퓨터보다 DNA의 효율성이 더 뛰어날까?

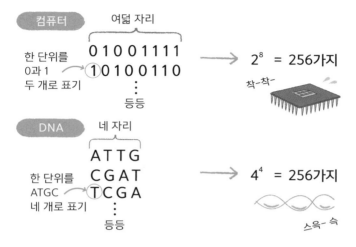

● DNA는 이중나선형을 좋아해!

DNA의 이중나선에 관해 조금만 설명해볼까요. DNA에 열을 가하면 일시적으로 이중나선이 한 가닥씩 풀어집니다. 하지만 온도가 내려가면 아무 일도 없었던 것처럼 다시 원래대로 돌아가지요. 처음의 이중나선 구조가 안정적이어서 DNA는 원래대로 돌아가고 싶어 한답니다.

염기가 여덟 개인 짧은 DNA 배열이라도 염기쌍이 상보적이라면, 다시 말해 A와 T, C와 G가 쌍을 이루는 배열이라면, 무수한 염기쌍에서 자신이 딱 들어맞는 장소를 찾아내 결합할 수 있습니다.

DNA 나노기술 분야에서는 DNA가 두 가닥의 사슬이 되려고 하는 성질을 이용해 나노 크기의 입체구조를 만드는 기술을 개발하고 있다고 하네요.

● DNA로 종이접기를?

DNA는 길이가 매우 길고 사슬 형태로 이루어진 고분자입니다. 이러한 특성의 DNA를 조합해 평면이나 입체 형태를 만들려는 시도가 이루어지고 있지요. 바로 'DNA 오리가미'입니다. '오리가미'는 일본어로 종이접기를 뜻하는 말로, 미국이나 유럽에서도 종이접기를 일본어인 오리가미로 통칭하고 있습니다. DNA로는 실제 종이접기처럼 바깥이나 안으로 접어서 구조체를 만든다기보다는 세로실과 가로실이 교차하는 직물의 이미지에 가깝습니다.

DNA 이중나선을 실 한 가닥으로 간주하고 두 가닥의 실을 교차시켜 평직으로 짜는 거라고 상상하기 쉽지만 실제로는 더 현명한 방법을 이용하고 있습니다. 먼저 DNA 이중나선을 풀어서 DNA 사슬 한 가닥을 세로실로 사용합니다. 그리고는 인공적으로 만든 짧은 DNA 사슬을 가로실로 사용해 세로실에 차례대로 붙여가는 방법입니다.

예컨대, 세로실의 염기에 1부터 100까지의 번호를 매겨놓았다고 생각해볼까요. 가로실과 인공적으로 합성할 때 세로실과 완전히 상보 배열을 이룬다면 한 줄의 선을 형성하겠지요. 이번에는 가로실을 1~10번까지 만들고 다음에는 91~100번이 오도록 인공적으로 조합해서 중간을 생략한 짧은 상보 배열을 만듭니다. 그러면 세로실의 11번부터 90번까지는 달라붙을 상대가 없어서 남는 부분이 고리 모양을 형성합니다. 선으로 면을 이룬 셈이지요. 고리 부분에 새로운 가로선을 부착해 다른 고리와 이어지게 할 수도 있습니다. 80쪽의 그림처럼 기다란 세로실 한 가닥에 가로실 여러 가닥을 부착해서 견고하게 짜인 평면체를 만들기도 합니다.

이처럼 세로실에 가로실을 어떻게 부착하면 좋을지 생각하며 인공적으로 가로실을 합성해가는 것입니다. 설계를 잘하면 자신이 좋아하는 형태의 평면구조를 만들 수 있을 뿐만 아니라 입체구조까지도 제작할 수 있답니다.

● DNA 종이접기 만드는 법

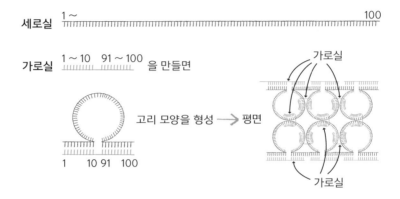

● 약을 넣을 수 있는 DNA 종이접기

DNA 종이접기의 최대 장점은 DNA가 스스로 달라붙어 구조를 만든다는 점입니다. 나노 크기의 DNA를 핀셋을 이용해 조합하는 일은 불가능에 가깝지만 그럴 필요조차 없는 것이지요. DNA 염기가 쌍을 이루는 배열을 찾아내서 이중나선을 이루려고 하는 성질을 효과적으로 이용하기만 하면 되니까요.

준비물은 세로실과 가로실로 사용할 DNA와 온도를 조절할 수 있는 작은 장치뿐으로, 집에서 사용하는 냄비를 이용해도 됩니다.

예를 들어 DNA 종이접기로 속이 빈 입체 상자를 만들어서 그 안에 세포에 손상을 주는 약제를 넣어둡니다. 생체물질인 DNA로 감싸서 평소엔 인체에 해롭지 않으나 암세포를 만났을 때엔 그 상자의 뚜껑을 열어 내부의 약제를 방출하게 하는 것이지요. 이처럼 선택적으로 암을 제거하는 치료법이 개발되고 있습니다.

실용화를 기다리는 DNA 나노기술은 셀 수 없이 많으며, 한발 더 나아가 이제까지의 상식을 뛰어넘는 놀라운 가능성을 품고 있답니다.

지구의 생명을 지탱하는 '광합성'

광합성

태양광 에너지를 다른 생물이 이용할 수 있는 형태로 변환하는 반응. 지구상의 모든 생물을 위해 식물이 도맡고 있는 역할이다.

● 우리도 광합성 덕분에 살고 있다

어린 시절, 이웃집 아주머니는 매일 아침 태양을 향해 두 손 모아 감사 기도를 드리곤 했습니다. 당시에는 태양이 얼마나 고마운 존재인지 인식하지 못해서 그 모습이 이상하게만 느껴졌지요. 하지만 식물이 지구의 생명을 위해 어떤 일을 하고 있는지 깨닫게 되자, 나아가 태양이 모든 생물에게 얼마나 중요한 존재인지 이해할 수 있게 되었지요. 우리 인간이 활동하기 위해 필요한 에너지를 어디서 얻는지 찾아가다 보면 그 시작이 태양광 에너지라는 사실을 알게 되니까요.

우리는 음식을 통해 활동할 수 있는 에너지를 얻습니다. 아침 식사를 한번 떠올려보세요. 주식으로 먹는 밥과 빵도 식물이며 채소와 똑같이 태양광을 이용해 성장합니다. 고기와 생선, 달걀 등의 동물성 식재료도

그 동물이 얻는 에너지의 기원을 찾아가다 보면 반드시 태양광을 이용하는 식물에 다다르게 됩니다.

즉, 식물은 태양광 에너지를 다른 생물이 이용할 수 있는 형태로 변환할 수 있습니다. 그것이 바로 '**광합성**'이지요.

● 엽록체는 어떤 모양일까?

지구상에 동물이 존재하는 곳에는 그 생명을 지탱해주는 수많은 녹색 식물이 함께 존재하며, 식물은 태양광을 이용해 동물의 에너지원인 당을 만들어냅니다.

그리고 이러한 광합성이 일어나는 곳은 식물세포에 포함된 '**엽록체**'입니다. 84쪽의 사진을 한번 살펴볼까요. 이 사진은 로즈메리라고 하는 허브 잎의 단면입니다. 광합성을 활발하게 일으키는 두 종류의 엽육세포를 관찰할 수 있습니다. 표피의 바로 아래 늘어선 봉 모양의 세포는 마치 울타리처럼 보여서 울타리 조직세포라고 부릅니다.

또한 울타리 조직세포 아래에는 여기저기 튀어나온 테트라포드 모양의 세포가 있는데, 이를 해면 조직세포라고 합니다. 세포와 세포 사이에 공기가 지나가는 길을 확보하기 위해 이런 모양을 하고 있지요.

어느 모양의 세포든 표피 아래 납작한 돌이 빼곡히 들어찬 모양을 하고 있으며, 이 모든 세포가 녹색 엽록체입니다. 광합성을 하는 엽록체는 태양광을 이용해 공기 중의 이산화탄소를 흡수하기 위해 이러한 모양으로 자리 잡고 있는 것이지요. 성장을 마친 잎에서 광합성을 하는 엽육세포는 세포 표면에 엽록체가 있으며 세포 안쪽에는 거대한 액포가 들어차 있습니다. 이 액포가 차지하는 면적은 세포의 90%가 넘는답니다.

광합성으로 생성된 당은 녹말 형태로 변환되어 엽록체 안에 먼저 축적됩니다. 아이오딘-아이오딘화칼륨 용액으로 녹말을 염색하면 보라색이 되므로 광학현미경으로도 관찰할 수 있습니다.

그렇다면 엽록체의 입체적인 모양은 어떻게 생겼을까요? 식물 세포의 모식도에서는 주로 타원형의 단면으로 그려지곤 해서 럭비공 모양이라고 생각하는 사람도 있지만, 실제로는 바둑돌이나 볼록렌즈, 혹은 찐빵처럼 생겼다고 하는 편이 가까울지 모르겠네요. 그 안에 포함된 녹말 입자가 크면 클수록 통통하게 부풀어 오른 모양이 됩니다.

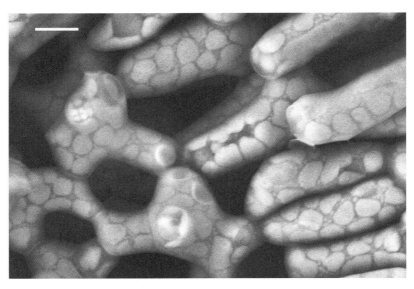

로즈메리의 엽육세포(저온 주사전자현미경 반사전자상)
봉 모양의 울타리 조직세포와 돌기 모양의 해면 조직세포.
세포의 표면 아래 납작한 돌처럼 보이는 부분이 엽록체다. (축척 바 0.01mm)

● 엽록체의 기원은 공생체

이처럼 지구의 모든 생명체를 지탱해준다고 해도 과언이 아닐 만큼 중요한 역할을 맡고 있는 엽록체지만, 원래는 독립한 시아노박테리아 (cyanobacteria, 남조류) 같은 생물이 다른 세포에 흡수되어 **세포내공생체**가 되고 오랜 세월이 지나 세포 소기관으로 변한 것으로 추측하고 있습니다. 지금이야 엽록체의 세포내공생기원설을 미토콘드리아의 공생기원설처럼 많은 과학자들이 인정하고 있지만, 린 마굴리스(Lynn Margulis)라는 젊은 여성 생물학자가 처음 이 가설을 주장했을 무렵인 1960년대에서 70년대까지는 대부분이 믿을 수 없다는 반응을 보였습니다. 그 후로 과학이 진보하여 공생기원설을 뒷받침하는 실험결과가 축적되기까지는 수십 년의 시간이 걸렸지요.

엽록체는 독자적인 DNA를 지니고 있지만, 시아노박테리아의 DNA 양과 비교하면 그 양이 현저히 적으며 DNA의 대부분은 세포핵이 차지하고 있습니다. 엽록체의 분열과 증식은 모두 세포핵의 지배 아래에서 일어납니다. 엽록체는 세포의 일부로서 작용하므로 어쩔 수 없는 구조인 셈이지요.

이번에는 현존하는 시아노박테리아의 전자현미경 사진을 살펴볼까요? 빛 에너지를 수용하는 틸라코이드(Thylakoid)막과 그곳에서 변환된 에너지를 이용해 이산화탄소를 흡수하는 효소인 루비스코(Rubisco)의 집합체인 다각형의 카복시좀(carboxysome, 단백질로 구성된 다면체)이 보입니다. 루비스코는 지구에서 가장 많이 존재하는 효소라고 합니다. 약 20몇 억 년 전에 이러한 광합성의 부산물로 발생한 산소가 대기 중에 축적되어 결국에는 오존층을 형성했습니다. 시아노박테리아는 핵이 없는 원핵생물입니다. 세포 안에 안전하게 보관해둔 길고 둥근 모양의 DNA는 필요할 때만 이용되어 정확한 복제와 분배가 이루어졌을 테지만 그 메커니즘은 아직 확실히 밝혀지지 않았습니다.

87쪽의 시아노박테리아의 사진에 보이는 검고 커다란 점에서는 폴리인산(polyphosphoric acid)을 축적합니다. 폴리인산은 그 기능을 알 수 없어 분자의 화석이라고도 불리지만, 시아노박테리아뿐 아니라 모든 생물이 지니고 있어 중요한 역할을 맡고 있으리라 여겨집니다.

30몇 억 년에 이르는 생명의 역사 속에서 수많은 우연의 결과가 쌓이고 쌓인 결과, 오늘날까지 살아남은 생물의 번영으로 이어졌다는 사실을 깨달을 수 있답니다.

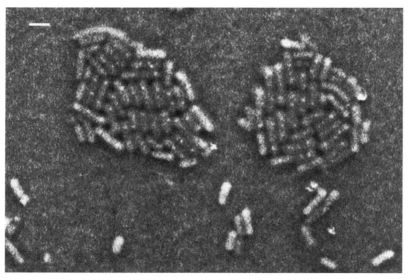

한천 배지 위에서 증식한 시아노박테리아(저온 주사전자현미경 반사전자상)
막대 모양의 세포는 두 개로 분열해서 성장하는 과정을 반복하며 증식한다.
세포 안의 작고 하얀 점은 폴리인산 덩어리다. (축척 바 2μm)

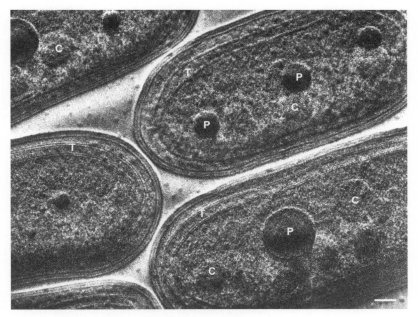

시아노박테리아 세포(위상차 전자현미경상, 촬영 : 니타 코지)

세포를 감싸고 있는 틸라코이드막(T). 둥글고 검은 점은 폴리인산(P). 이 관찰 방법에서는 검게 보인다.
다각형은 루비스코의 집합체인 카복시좀(C)이다. (축척 바 0.1μm)

식물의 육상 생활에 도움을 준 '큐티클'

큐티클 (cuticle)

약 5억 년 전, 물속에서 육지로 올라온 식물에 생성되었다. 식물체의 표면을 덮은 소수성 물질에서 생기는 방수층으로 수분의 증산을 막는다.

● 수중 광합성 생물이 지상으로 올라가다

지금이야 지구의 육지 대부분이 녹색 식물로 덮여 있지만, 식물은 원래 물속에서 살았습니다. 그렇다면 어떻게 물속에서 육지로 올라오게 되었을까요?

식물이 최초로 육지로 올라온 시기는 약 5억 년 전으로 추정합니다. 20억 년 전, 물속에서 핵과 엽록체, 미토콘드리아 등을 지닌 진핵생물이 출현했고, 단세포에서 다세포로 체제가 복잡해지는 등 다양한 진화가 반복되었지요. 세포내공생으로 엽록체의 시초가 된 시아노박테리아는 단계통성(하나의 생물 종이 같은 조상 생물로부터 유래하는 것)이라고 여겨지지만, 물속에서는 녹색, 선홍색, 갈색 등 다양한 광합성 색소를 지닌 형태로 진화했습니다. 이처럼 수중 광합성 생물은 모양도 색도 다양하답니다.

하지만 그중에서 녹색 엽록체를 지닌 녹조류만이 육지로 올라오는 데 성공했습니다. 녹조류 중에서도 차축조류는 육지로 올라온 식물에 가장 가깝다고 여겨지고 있지요. 물속에서 땅을 향해 과감하게 올라와 성공적으로 뿌리를 내린 종류는 녹조류뿐이라고 하는데, 호숫가에서 물소리를 들으며 맨 처음 육지로 올라온 식물이 무엇이었을지 상상하다 보면 가슴이 두근거리기도 합니다.

땅으로 올라온 식물의 진화 과정은 '건조에 적응해가는 과정'이라고 할 수 있습니다. 이끼식물이나 양치식물의 유성생식 과정을 보면 정자가 헤엄쳐서 난세포에 도달하기까지 수중 환경이 필요합니다. 하지만 물 위로 올라와 진화한 속씨식물은 건조에 내성이 있는 꽃가루가 암술머리에 달라붙어 정세포가 꽃가루관을 타고 씨방 안의 밑씨까지 운반됩니다. 지금도 이끼식물이나 양치식물은 축축하고 수분이 많은 환경에서 자주 볼 수 있답니다.

● 식물의 천적, '건조'를 이겨내려면

육상 생활을 버텨내기 위해 식물에게는 특정한 물질이 생성됐습니다. 다음에 설명할 큐티클(cuticle), 스포로폴레닌(sporopollenin), 리그닌(lignin)이 그것입니다. 이들 물질은 잘 분해되지 않으며, 물을 빨아들이지 않는 소수성을 갖고 있다는 공통점이 있습니다.

육상식물의 표피는 **큐티클층**으로 덮여 있어서 수분이 표면에서 쉽게 증발하지 않습니다. 다만 큐티클층은 공기도 통과하지 못하기에 이산화탄소를 흡수하기 위해서 기공이 필요합니다. 실제로 잎사귀의 표면을 전자현미경으로 관찰해보면 여러 형태의 왁스가 큐티클층 위를 덮고 있거나 수많은 털로 뒤덮여 있습니다. 잎사귀 표면도 매끈하거나 거칠거나 부드러운 감촉 등 다양한데, 표면 구조를 들여다보면 이러한 형태가 이해됩니다.

꽃가루는 스포로폴레닌이라는 화합물이 포함된 벽으로 둘러싸여서 건조 상태에서도 살아남을 수 있습니다. 이 스포로폴레닌은 지구상에서 가장 분해되기 어려운 '생체고분자'라고 합니다. 이런 생체고분자에 둘러싸인 꽃가루는 견고해서 화석으로도 많이 남아 있으며 식물의 시초를 알아보는 데 이용되기도 한답니다.

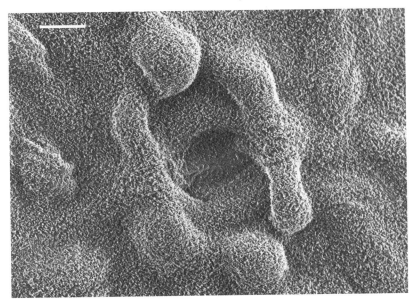

은행나무 잎의 큐티클층
큐티클층의 표면은 왁스로 덮여 있다. (축척 바 0.01mm)

● 나무를 지켜주는 관문, 카스파리선

나무껍질에는 수베린(suberin)이라고 하는 소수성 물질이 달라붙어 있어서 나무의 내부에서 수분이 증발하는 것을 막아줍니다. 수베린은 뿌리의 관다발을 피부처럼 둘러싼 세포벽에 띠 모양으로 자리 잡고 있지요. 이러한 소수성의 장벽구조를 **카스파리선(Casparian strip)**이라고 합니다.

식물의 세포벽은 마치 스펀지와 같아서 물질을 선별하지 않고 흡수해서 세포벽을 통해 이동해 갑니다. 하지만 자유롭게 이동할 수 있는 구간은 내피의 카스파리선까지며 그곳부터는 세포막을 통해 세포 내부로 통하는 경로만 남게 됩니다. 세포막에서는 세포 안쪽으로 들여보내도 좋은 물질인지 확인하는 작업을 거치지요.

● **카스파리선은 소수성의 장벽구조**

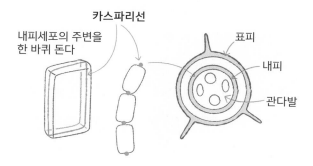

흙에서 수분과 양분을 흡수하는 뿌리에도 카스파리선이 존재하는데, 뿌리를 통해 불필요하고 해로운 물질이 거침없이 관다발에 도달해 식물 이곳저곳으로 수송되는 현상을 막아줍니다. 뿌리조직은 뿌리 끝 분열조

직에서 세포가 성장, 분화하며 생성되는데, 뿌리의 표피세포에서 뿌리털이 자라 외부와 활발히 호흡할 수 있게 되면 관다발 주변의 카스파리선도 완성되어 관리체제를 갖추게 됩니다.

● 물관부의 관을 통해 연기가 뭉게뭉게?!

관다발식물의 물관부 세포벽에는 리그닌이 달라붙어 있습니다. 나무를 목재로 사용하는 부분이 바로 물관부입니다. 나무가 딱딱해지는 현상을 목질화, **리그닌화**라고도 하지요. 리그닌은 분해되기 어려운 화합물로 리그닌이 침착된 세포벽은 딱딱해집니다. 목재가 딱딱한 이유는 리그닌화한 세포벽 때문이지요. 식물이 위로 자라는 시기가 끝나고 옆으로 비대 생장을 하게 되면, 줄기 형성층의 분열조직에서 안쪽으로는 물관부를, 바깥쪽으로는 체관부를 분화하므로 매년 물관부가 둥그런 모양으로 성장해가는 것이랍니다.

물관부를 지나가는 물관이나 헛물관은 뿌리에서 흡수한 물과 양분을 운반합니다. 이들 관이 끝에서 끝까지 연결되었다는 사실을 눈으로 직접 확인한 적이 있습니다. 2m에 이르는 나뭇가지를 교실로 가져와서 시가 담배를 나뭇가지의 한쪽 끝에서 태워보았습니다. 그랬더니 물관부의 관을 통해 빠져나간 연기가 가지의 반대편에서 뭉게뭉게 피어오르는 게 아니겠어요! 1980년대에 미국 중서부의 대학에서 수강한 레이 에버트 교수의 식물해부학 수업 시간의 일입니다. 요즘 시대에 교실에서 담배를 피운다는 건 상상도 할 수 없는 일이겠지요.

물관부가 분화하면서 1차 세포벽의 안쪽으로 나선 모양 혹은 그물 모양의 2차 세포벽이 형성되고 그곳에 리그닌이 침착됩니다. 2차 세포벽이 완성될 즈음에는 세포가 죽어버리고 딱딱한 세포벽만 남게 되지요. 이처럼 목적을 지닌 세포가 자의적으로 죽는 것을 **아포토시스**(apoptosis, 세포자살)라고 합니다. 물관부와 헛물관은 세포질이 분해된 후 세포벽만 남게 되지만, 체관부를 구성하는 체관세포는 핵을 소실해도 색소체와 같은 특징적인 세포내 소기관을 계속 유지합니다. 체관세포에 상처가 나면 체판을 빠르게 에워싸는 등 적극적인 방어 반응을 보이지요. 체관세포의 옆에는 세포 활동이 활발한 반세포가 존재하며, 광합성의 산물인 당과 다른 영양분의 수송을 도와줍니다.

육지로 올라온 식물은 자신의 몸을 지탱하기 위해 리그닌을 만들어냈지만, 그 덕에 우리는 딱딱한 목재를 건축용 자재로 이용할 수 있게 되었네요.

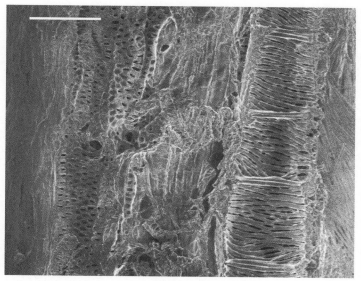

분꽃의 물관
그물 모양과 나선 모양의 2차 세포벽에 리그닌이 침착된다. (축척 바 0.1mm)

05 식물의 '증산'이 만들어낸 자연의 에어컨

증산

식물의 잎이나 줄기에서 수분이 대기 중으로 증발하는 현상. 증발하면서 기화열을 빼앗기므로 냉각 효과가 있다.

● '녹색커튼' 효과

한여름에 인공잔디 위에서 축구를 하는 모습을 보게 될 때면 안쓰럽다는 생각이 듭니다. 인공잔디는 천연잔디처럼 냉각 효과를 기대할 수 없기 때문이지요. 천연잔디 위를 맨발로 걸어본 경험이 있다면 누구나 그 시원한 감촉을 기억하고 있을 겁니다. 모래밭을 맨발로 걸을 때의 뜨거운 느낌과는 비할 바가 아니지요.

찜통더위에 아스팔트 주차장이 녹아내릴 정도로 뜨거워져도 길가의 잡초나 나무 울타리의 나뭇잎 온도가 치솟는 일은 없습니다. 때문에 이런 효과를 노리고 아파트나 빌딩에 '녹색커튼'을 설치한 모습을 쉽게 찾아볼 수 있지요. 실제로 여주나 나팔꽃 같은 덩굴 식물을 건물 벽에 기르면 햇빛을 가려줄 뿐 아니라 우거진 나뭇잎 사이로 불어오는 바람이 시원하기도 합니다.

이런 현상은 식물의 '**증산**' 효과 때문입니다. 잎사귀 표면에서 수분이 증발하며 발생하는 기화열 덕분에 온도가 내려가는 것이지요. 물이 기화하면서 필요한 열에너지를 빼앗기는 셈입니다. 증산은 육상식물의 잎사귀 표면을 덮고 있는 큐티클층에서도 일어나지만, 대부분은 잎사귀 표면에 가득한 기공을 통해서 일어난답니다.

● 식물은 팽압운동을 하며 움직인다

기공은 한 쌍으로 이루어진 '**공변세포**' 사이에 생기는 구멍인데, 열리고 닫히는 모양이 마치 사람의 입과 같습니다. 환경의 신호를 감지하여 개폐하는 기공은 어떤 원리로 열리고 닫히는 걸까요?

식물은 대부분 '**팽압운동**'을 하며 움직입니다. 팽압운동은 수분의 이동으로 세포가 부풀거나 오그라들면서 일어나는 운동이지요. 예를 들어 만지면 고개를 숙이는 함수초의 잎은 잎자루 쪽의 엽침세포로 수분이 드나들어 팽압이 변하여 움직이게 됩니다.

● **팽압운동으로 기공의 개폐를 조절**

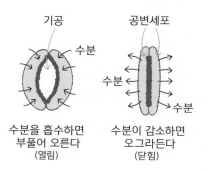

기공   공변세포

수분

수분

수분

수분

수분을 흡수하면   수분이 감소하면
부풀어 오른다   오그라든다
(열림)   (닫힘)

밤이 되면 잎사귀를 닫는 강낭콩이나 괭이밥의 수면운동 역시 팽압의 변화로 설명할 수 있지요. 또한 식충식물인 파리지옥이 사냥감을 잡기 위해 잎사귀를 닫는 운동도 팽압운동입니다.

● 기공의 개폐 원리

공변세포 역시 팽압의 변화에 따라 부풀거나 오그라듭니다. 기다란 소시지 모양의 공변세포는 어떻게 팽압의 변화로 모양이 변하는 걸까요?

다음과 같은 실험을 해보았습니다. 세로로 기다란 풍선에 적당히 바람을 넣은 후에, 세로 방향으로 비닐 테이프를 붙이고 한 번 더 바람을 불어넣으면 어떻게 될까요? 마치 활처럼 구부러지겠지요. 그때 두 개의 소시지 모양의 풍선을 테이프 쪽으로 마주 보게 놓으면 내측에 개구부가 생깁니다. 이처럼 쌍을 이룬 공변세포가 마주 보는 쪽은 마치 두꺼운 벽과 같아서 쉽게 부풀어 오르지 않는답니다.

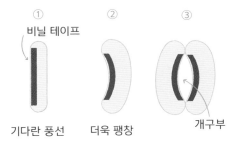

① 비닐 테이프
기다란 풍선

② 더욱 팽창

③ 개구부

식물에 물을 주지 않아 수분이 부족해지면 공변세포도 오그라듭니다. 이러한 상태에서 기공은 꽉 닫히기 마련이지요. 반대로 수분이 풍부해서 활발하게 광합성이 일어나는 상태에서는 공변세포가 물을 빨아들여 부풀어 오릅니다. 팽창한 공변세포의 구멍 쪽 벽은 잘 늘어나지 않으므로 구부러진 소시지 모양이 되어 기공이 열려 있는 상태가 됩니다.

또한 기공의 개폐에는 청색광이 관여하고 있다는 사실도 밝혀졌습니다. 공변세포에 청색광이 닿으면 칼륨이온이 공변세포 안에 축적되어 삼투압이 높아집니다. 그 결과, 공변세포가 물을 빨아들여 부풀어 오른다고 합니다.

● 다양한 형태의 기공

기공은 주로 잎의 뒷면에 많이 존재합니다. 잎의 조직을 이루는 엽육세포를 살펴보면, 잎의 뒷면 가까이에 분포한 해면 조직세포는 틈새가 많은 구조로 이루어졌습니다. 따라서 기공에서 흡수한 공기가 통과하는 길로 사용하기에는 안성맞춤인 것입니다.

실제로 다양한 잎을 관찰해보면 기공에는 여러 가지 형태가 존재한다는 사실을 알 수 있습니다. 예를 들어 수면에 뜨는 수련 잎은 공기에 닿는 바깥쪽에만 기공이 존재하지요.

또한, 기공은 모양과 나열 방식도 각양각색입니다. 외떡잎식물은 잎맥과 같은 방향으로 나란히 놓여 있지만 쌍떡잎식물은 각자 다른 방향을 향하고 있지요. 하지만 기공의 수와 분포도는 일정하게 조정됩니다. 기공은 잎뿐만 아니라 가지에도 분포해 있으며 꽃받침이나 꽃잎에서도 발견됩니다.

광합성을 하려면 기공을 열어 이산화탄소를 흡수해야 하지만, 수분이 줄어들면 기공을 닫아 증산을 막아야만 합니다. 그래서 식물에게 더운 여름은 견디기 힘든 계절이랍니다. 실제로 일반적인 광합성(C3형 광합성)

을 하는 식물은, 한여름에 기공을 닫아버리므로 성장하기가 어려워집니다. 하지만 다양한 환경에 적응해온 식물은 이러한 상황을 해결하는 법을 고안해냈지요.

예를 들어, 옥수수는 이산화탄소를 보다 효율적으로 이용하는 광합성(C4형 광합성)을 하므로 한여름에도 쑥쑥 성장합니다. C4형 광합성을 하는 잎사귀는 관다발 주변의 세포에서 엽록체가 발달했으며 다른 엽육세포의 엽록체와 역할을 분담하고 있습니다.

수분이 귀중한 사막에서는 식물 나름의 독자적인 방법을 이용합니다. 잎사귀와 줄기가 두툼한 다육식물은 기온이 낮은 밤중에만 기공을 열고 낮에는 기공을 닫습니다. 한밤중에 흡수한 이산화탄소로 화합물을 만들어 액포에 저장해두었다가 낮에는 그 화합물에서 이산화탄소를 꺼내 광합성(CAM형 광합성)을 하는 조직을 갖고 있습니다. 선인장도 CAM형 광합성을 하는 다육식물이지만 잎사귀가 가시로 변해 줄기에서만 광합성을 하기도 합니다. 다육화된 줄기로 표면적을 줄여서 증산을 막고 있는 것이지요.

지구의 다양한 환경에서 살아남은 식물의 지혜와 대담함에 놀라지 않을 수 없습니다.

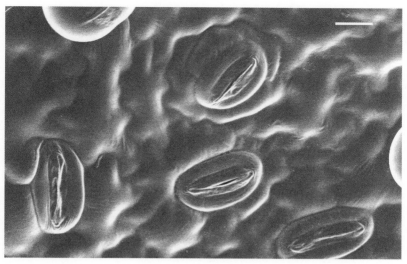

민트 잎의 기공

왼쪽의 기공은 완전히 닫혀 있다. 가운데 기공은 살짝 열려 있다. (축척 바 0.01mm)

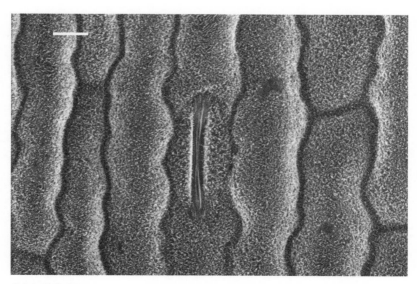

옥수수 잎의 기공

C4형 광합성 식물인 옥수수는 기공이 닫혀도 이산화탄소를 효율적으로 이용한다. (축척 바 0.01mm)

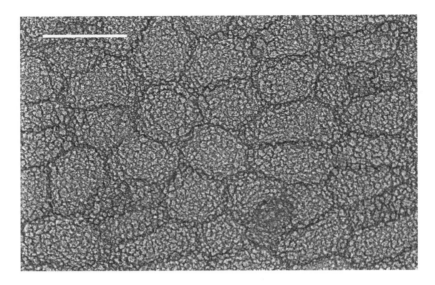

만손초 잎
건조한 환경에 적응한 다육식물로 표면이 두꺼운 왁스로 덮여 있다. 기공을 찾아보자. (축척 바 0.1mm)

PART 4

불가능을 가능으로
바꾼 식물의 지혜

01 우주에서 발아한 오이의 '페그'를 통해 얻은 교훈

페그(peg)

오이의 종자가 발아할 때, 씨껍질을 땅에 걸기 위해 중력 방향으로 생기는 돌기. 한 개만 형성되며 불필요한 반대쪽에는 형성이 억제된다.

● 빛을 쫓아 발아하는 종자

식물은 마치 중력의 방향을 알고 있는 듯이 성장합니다. 종자는 땅속 온도와 수분 등의 조건이 맞아야 발아하는데, 보통은 먼저 뿌리를 내려서 토대를 다지고 지상부에 해당하는 가지와 잎사귀는 위쪽으로 뻗어나갑니다. 중력의 반대 방향으로 자라야만 빛(태양)에 가까워질 확률이 높아진다는 사실을 알고 있나 봅니다.

애써 위쪽으로 뻗어나갔는데 빛이 보이지 않는다면 어떻게 될까요? 실제로 빛이 안 드는 컴컴한 실험실에서 종자를 발아시키면 가지는 오로지 위로만 길게 뻗어나갑니다. 충분한 빛 아래에서는 5cm도 채 자라지 않는 떡잎의 밑줄기(배축)가 암흑 속에서는 20cm 이상 자라나지요. 필사적으로 빛을 찾아 뻗어나가는 겁니다.

빛에 닿기 전에 줄기와 잎은 백색 혹은 황백색을 띠며 녹색으로 변하지 않습니다. 떡잎도 넓게 퍼지지 않고 작게 접힌 상태 그대로지요. 하지만 한번 빛에 닿으면 순식간에 녹색으로 변해 엽록체를 완성하고 떡잎을 크게 넓혀서 바로 광합성을 시작할 수 있도록 만반의 준비를 갖춥니다.

종자는 빛을 찾아내기 전까지 성장하는 데 필요한 양분을 저장해둡니다. 그 양분을 다 쓰기 전에 어떻게든 광합성을 개시해서 새로운 양분을 만들어내야만 하겠지요. 즉, 우리는 식물이 발아를 대비해 축적해놓은 양분을 식량으로 삼는 셈입니다.

또한, 양분을 충분히 저장해두지 못한 작은 종자는 빛이 없는 곳에서는 아예 발아하지 않는답니다.

● 단단한 씨껍질을 빠져나오는 '페그'

참외과 식물의 종자, 예를 들어 호박, 오이, 멜론 등의 종자는 씨껍질이 단단하며 모양이 납작합니다. 이들 종자는 발아한 떡잎이 땅 위로 나오기 전에 씨껍질을 땅속에 고정해놓는 장치를 사용하는데, 이는 '페그'라고 하는 돌기로, 눈으로도 관찰할 수 있습니다. 참외과의 종자가 지면에 수평으로 착지하면 뿌리와 줄기의 경계 부분에 중력 방향(아래쪽)으로 하나의 페그가 자랍니다.

이 돌기에 단단한 씨껍질을 걸어 땅속으로 눌러주면 배축(떡잎과 어린 뿌리 사이의 축)이 아치형으로 구부러지며 씨껍질에서 떡잎이 스르륵 빠져나옵니다. 이 과정이 잘 이루어지지 않아 씨껍질 사이에 떡잎이 낀 채로 땅위에 나오면 광합성을 순조롭게 진행하지 못하게 됩니다.

종자가 발아하면, 페그는 뿌리와 줄기의 세포가 자라는 방향에서 90

도 틀어진 방향으로 형성됩니다. 뿌리와 줄기의 세포는 중력과는 반대로 배축 방향을 따라 세로로 길어지지만, 페그는 중력 방향으로 배축과 직각을 이루며 돌기를 형성한다는 사실을 알 수 있습니다.

 세포의 신장 방향은 세포의 표층미세소관과 셀룰로스 섬유의 방향에 따라 달라집니다. 페그가 형성될 때나 세포의 신장 방향이 변할 때는 먼저 표층미세소관의 방향에 변화가 일어났다는 뜻이지요. 또한 페그의 형성에는 옥신이라는 식물호르몬의 정보도 필요하다고 합니다.

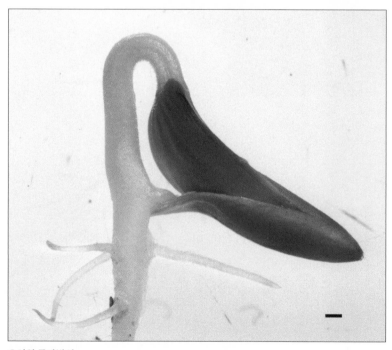

오이의 종자발아
오이의 페그에 씨껍질이 걸려 있는 모습 (축척 바 1mm)

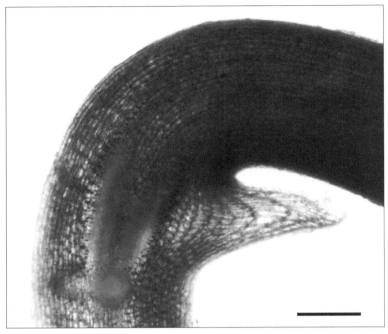

오이의 페그
페그 형성부의 종단면. 페그는 줄기와 뿌리의 경계 부분에 형성된다.
세포의 신장 방향이 변하면서 돌기가 형성되는 모습을 관찰할 수 있다. (축척 바 1mm)

● '중력의 영향력'을 증명할 수 있을까?

　납작한 종자의 어느 쪽을 아래로 하든 상관없이 페그는 반드시 중력 방향으로 한 개만 생성되며, 중력과 반대 방향인 위쪽으로는 절대 생성되지 않습니다. 이러한 현상을 중력의 영향을 받아 페그의 위치가 정해진다고 해서 **'중력 형태형성'**이라고도 부릅니다. 그런데 중력의 자극을 어떻게 종자가 감지해서 페그를 형성하는지 밝혀내기 위해 여러 연구가 진행되었다고 합니다.

생물을 대상으로 한 실험을 할 때는 대조실험이 매우 중요합니다. 예컨대, '중력의 영향을 밝혀내고 싶다면' 중력 이외의 조건은 일정하게 유지하고 중력의 자극만 조절하는 실험을 해야만 하지요. 이를 **'대조실험'**이라고 합니다.

하지만 지구에서 중력을 조절하기란 쉽지 않은 일입니다. 지구상에서는 어디나 똑같은 중력이 작용하므로 중력을 변수로 삼은 실험을 하려면 클리노스타트(clinostat)라고 하는 인공중력장치가 쓰입니다. 이것은 직각으로 교차하는 두 개의 축이 계속해서 회전하는 장치로, 이 장치 안에서 식물을 키우면 특정 방향으로 계속해서 중력이 가해지지는 않지만 '중력이 없는 상태'에서 자란다고는 할 수 없습니다.

● 지상과 우주에서 형성되는 오이 페그의 차이

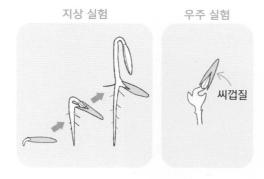

지상 실험　　　　우주 실험

씨껍질

● 우주 실험에서 형성된 페그

중력의 영향이 없는 환경에서는 페그가 어떻게 형성되는지 확인하는 실험이 이루어졌습니다. 도호쿠대학의 다카하시 히데아키 교수가 중심이 되어 우주 실험을 계획하였지요. 사실 우주선 안도 완벽한 무중력 상태는 아니지만 중력의 영향은 아주 적습니다. 1998년에 쏘아 올린 우주선 안에서 오이의 발아 실험이 이루어졌는데, 이때 우주선에 탑승한 무카이 지아키 씨가 실험을 맡아주었지요.

과연 우주선 안의 극소무중력 상태에서 오이는 어떻게 발아되었을까요? 대부분이 예측하지 못했던 놀라운 결과가 나왔습니다. 모든 발아 개체에서 온전한 페그가 두 개씩 형성된 것입니다. 즉, 지상의 중력 자극은 중력 방향으로 페그의 형성을 유도한 것이 아니라, 중력과 반대 방향인 위쪽으로 페그가 형성되는 것을 제어할 뿐이라는 것을 알게 된 것이지요. 이 결과는 연구의 방향성을 크게 변화시킨 계기가 되었습니다.

사람의 사고 회로는 자신도 모르는 사이에 한쪽으로 치우쳐버릴 수 있다는 교훈을 남긴 실험이기도 했답니다.

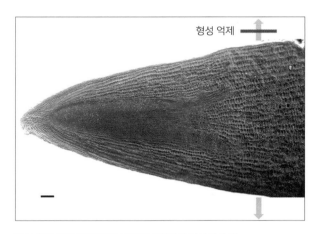

페그 형성 예정 위치(저온 주사전자현미경 반사전자상)
종자를 수평으로 두면 중력 방향으로 페그가 발달하지만,
중력의 반대 방향으로는 페그의 형성을 억제한다. (축척 바 0.1mm)

02 식물의 신비한 능력, 굴지성

굴지성

뿌리는 중력 방향으로, 줄기는 중력과 반대 방향으로 뻗어나가는 성질. 세포가 중력 방향을 감지하면 방향 전환이 가능한 부위까지 정보를 전달한다.

● **중력 센서는 어떤 역할을 할까?**

태풍이나 강풍이 불어서 쓰러졌던 코스모스가 다음 날 아침에는 줄기를 바로 세우고 있는 모습을 본 적이 있나요? 빛의 방향을 쫓아간 거라고 생각할 수도 있겠지만, 실제로 식물의 줄기는 컴컴한 상태에서도 중력과 반대 방향으로 성장하는 모습을 확인할 수 있습니다. 식물은 어떤 방법으로 중력의 방향을 알아내는 걸까요?

줄기를 옆으로 쓰러뜨리면 중력의 반대 방향으로 다시 일어나지 못하는 애기장대의 변이체를 조사해본 결과, 변이체 애기장대에는 줄기의 관다발 바깥쪽을 감싸는 세포층이 전혀 존재하지 않는다는 사실을 알아냈습니다. 애기장대는 현대의 **모델식물**(식물의 공통적인 조직을 조사하는 데

도움을 주는 식물)로 가장 많이 이용되는 식물입니다.

　일반적인 애기장대는 관다발 바깥쪽 세포층에 **녹말체**(커다란 녹말 입자로 가득한 색소체로 엽록체의 한 종류)가 포함되어 있으며 이 물질은 중력 방향으로 침강합니다. 녹말체는 중력 방향을 감지하는 '평형석'의 역할을 한다고 여겨지고 있지요. 이러한 구조는 오이와 같은 다른 식물에서도 볼 수 있습니다.

　뿌리의 경우는 어떨까요? 원뿌리는 중력의 방향을 감지하며 자라납니다. 뿌리 끝은 모자처럼 생긴 뿌리골무로 보호하고 있지만 이 뿌리골무의 중앙에는 역시나 녹말체를 포함한 세포집단이 자리 잡고 있지요. 이 세포집단의 녹말체 역시 중력 방향으로 가라앉는다는 사실은 이전부터 알려져 있었답니다. (111쪽 사진 참조)

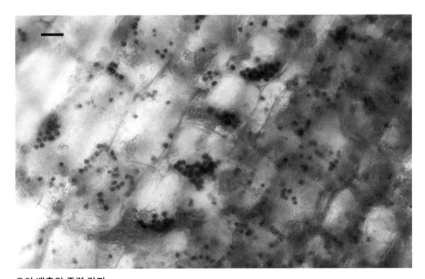

오이 배축의 중력 감지
관다발에 인접한 녹말 말초세포의 녹말 입자가 중력 방향으로 침강한다.
아이오딘-아이오딘화칼륨 용액으로 녹말을 염색했다. (축척 바 0.01mm)

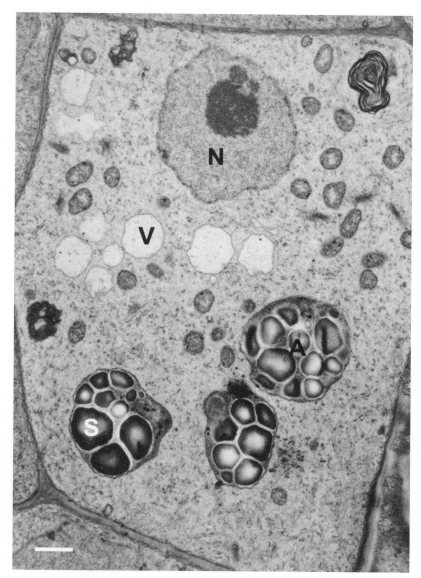

애기장대 뿌리골무의 평형세포

녹말 입자를 포함한 녹말체가 중력 방향으로 이동한다.

N : 핵, V : 액포, A : 녹말체, S : 녹말 입자 (축척 바 1㎛)

녹말은 식물세포가 포함하는 물질 중에 비중이 크며 침전되기 쉬운 물질입니다. 물에 녹말가루(식물 전분)를 풀었을 때 금세 가라앉는 것으로도 그 사실을 확인할 수 있지요. 그렇다곤 해도 녹말 입자가 포함된 녹말체가 어느 세포에서나 중력 방향으로 침강하는 것은 아닙니다. 녹말체는 핵 주변을 감싸고 있을 때도 있으며 세포 전체에 흩어져 있을 때도 있습니다.

녹말체는 중력을 감지하는 특수 세포에서만 '중력 센서'로서 작용해 중력 방향으로 침강하는 구조인 것입니다.

● 중력의 방향은 어떻게 전달할까?

뿌리 끝의 뿌리골무에서 '중력 방향'을 파악하면, 반응하는 부위(뿌리가 신장 방향을 바꿀 수 있는 부분)까지 그 정보를 전달해야만 합니다. 뿌리는 근단분열조직 부근에 세포가 활발하게 성장하는 부위가 있어, 그곳에서 신장하는 방향을 바꿀 수 있습니다. 이러한 정보 전달에는 **'옥신 (auxin)'**이라는 식물호르몬이 관여하고 있지요. 옥신은 식물의 성장을 촉진하는 일종의 성장호르몬입니다.

줄기가 빛을 향해 구부러지는 현상도 마찬가지입니다. 옥신은 선단부에서 빛의 방향을 감지해 줄기가 구부러지는 위치까지 정보를 전달하는 물질로 처음 발견되었습니다. 옥신을 발견한 사람은 네덜란드 출신의 식물생리학자 F. W. 웬트(Frits Warmolt Went)인데, 학생 시절 중도에 병역 생활을 하며 잠깐씩 연구실에 들러서 실험을 이어가던 중에 이를 발견했다고 합니다.

옥신이 정보를 전달하려면 조직 안을 일정한 방향으로 이동해야만 합

니다. 방향을 정해 한쪽으로만 이동하는 것을 **극성이동**이라고 하지요. 극
성이동을 하는 옥신의 성질도 20세기 말에 애기장대의 변이체를 이용한
연구에서 알아낸 사실입니다. 뿌리가 중력 방향으로 자라지 않는 변이체
는 옥신을 운반하는 단백질이 세포막에 존재하지 않는다는 사실도 알아
냈습니다.

옥신을 세포 안으로 흡수하는 수송체와 세포 밖으로 배출하는 수송
체의 존재가 밝혀졌는데, 옥신을 배출하는 수송체는 세포의 특정한 곳
에만 존재하므로 옥신은 그 방향으로만 흘러가게 됩니다.

● **옥신의 극성이동**

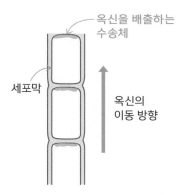

● 휘고 구부러지는 식물의 성장 운동

그렇다면 옥신이 정보를 전달해준 후에는 어떤 방식으로 줄기와 뿌리
가 구부러지는 걸까요? 그 과정은 줄기와 뿌리의 한쪽 세포와 그 반대쪽
세포가 신장하는 정도에 따라 달라집니다. 이를 '**편차성장**'이라고 하지
요. 구부러지는 빨대를 상상해보면 이해하기 쉽습니다. 구부러질 때 한

쪽은 줄어든 채로 반대쪽만 쭉 늘어나는 것과 같은 원리입니다. 신장하는 부위의 어느 쪽 세포를 쭉 늘어뜨릴지는 옥신이 조절합니다.

옥신은 극소량으로 작용하는 식물호르몬이지만, 줄기세포의 성장에 가장 알맞은 농도가 있어 적당량만으로도 세포의 신장을 촉진합니다. 하지만 줄기의 세포신장에 적합한 옥신의 농도는 뿌리의 세포신장을 억제하게 됩니다. 뿌리의 세포신장에 적합하려면 줄기에 비해 훨씬 농도가 연해야만 합니다. 그러므로 뿌리에서는 옥신이 이동한 부위의 세포신장이 억제되어 굴곡이 일어나게 되지요.

식물은 자신이 처한 환경 조건을 감지하여 가장 적합한 형태로 변화해갑니다. 이러한 식물의 성질을 가소성(plasticity)이라고 합니다. 식물은 환경에 적응하여 플라스틱처럼 자유자재로 형태를 바꿀 수 있는 것이죠.

이러한 성질을 지닌 식물은 지구상의 다양한 환경에 적응하고 번성해서 사람을 포함한 다양한 생명이 생존할 수 있는 기반을 다져주었답니다.

● 성장의 정도가 다른 '편차성장'을 하며 구부러진다

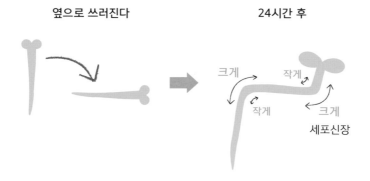

옆으로 쓰러진다   24시간 후

03 나이가 들어도 '무한성장'을 하는 식물

무한성장

끊임없이 성장하는 식물의 성질. 정단분열조직은 세로 방향으로 신장성장을 하고, 주변분열조직은 가로 방향으로 부피생장을 이끈다.

● 성장을 멈추지 않는 식물

사람을 포함한 동물은 나이를 먹으면 성장을 멈추지요. 그렇다면 나무는 어떨까요? 아무리 오래된 나무라도 매년 조금씩 가지가 자라고 줄기가 굵어지며 계속해서 성장하고 있다는 사실을 알 수 있습니다. 이처럼 식물이 성장하는 특징을 '무한성장'이라고 표현합니다. 동물과의 차이점을 강조한 표현인데, 대체 식물은 어떤 구조로 이루어진 걸까요?

식물은 다 성장한 후에도 뿌리와 줄기 끝에 종자에서 발생했을 때와 비슷한 분열조직을 계속 유지하고 있습니다. 뿌리의 끝으로 가면 갈수록 젊은 조직이 나오게 되지요. 화분의 식물을 분갈이할 때, 뿌리 중심이 갈색으로 변색되었더라도 뿌리 끝부분은 하얗고 생생한 것이 바로 이 때문이랍니다. 뿌리 끝부분의 분열조직에서 세포분열을 반복하며 새롭게 형성된 세포가 신장하고 분화해서 계속해서 뿌리조직이 생성됩니다. 그 결과 뿌리 끝에 가까울수록 세포는 젊어지는 것입니다.

한편 땅 위에서는 줄기 끝의 경정분열조직에서 세포분열을 반복하고 잎사귀와 줄기를 생성합니다. 이처럼 식물은 살아 있는 한 세포분열과 세포신장, 세포분화를 반복하며 계속해서 성장해갑니다. 성장기가 끝나면 신체의 성장을 멈추는 동물과는 완전히 다른 모습이랍니다.

● 뿌리 끝의 급소를 보호하는 모자, 뿌리골무

뿌리골무는 식물에게 있어 매우 중요한 분열조직이지만, 실제로 본 사람은 얼마 없을 겁니다. 어쩌면 과학 시간에 현미경으로 관찰한 경험이 있을지도 모르겠네요.

흙 속에 파묻혀 있는 뿌리 끝의 분열조직은 '**뿌리골무**'라고 하는 모자처럼 생긴 구조로 둘러싸여서 바깥으로 노출되지 않습니다. 흙 속에서 뿌리가 신장하면 뿌리골무의 세포가 점점 벗겨지는데, 뿌리 끝의 분열조직에서 계속 뿌리골무 세포를 보충합니다. 사실 이 뿌리골무에는 중력 방향을 감지하는 세포도 포함되어 있답니다.

● 예비 분열조직은 언제 어디서나 철저하게

모든 관다발식물의 줄기 끝에는 경정분열조직이 존재하지만, 여러 장의 작고 어린잎으로 둘러싸여 있어 바깥으로 노출되는 일은 없습니다. 실체현미경으로 관찰하면서 핀셋이나 메스로 어린잎을 한 장씩 떼어내면, 잎이 점점 작아지면서 마지막에는 녹색 보석처럼 반짝이는 경정분열조직이 모습을 드러냅니다. 지름 0.1mm 정도의 반원 모양이지만, 유감스럽게도 눈으로는 확인할 수 없는 크기랍니다.

경정분열조직에서는 세포분열을 반복하며 새로운 잎과 줄기를 만들어 냅니다. 이곳에서 작고 둥근 모양의 잎의 시초가 생성되지요.

야생의 식물은 여러 가지 이유로 이렇게 중요한 경정분열조직을 잃어 버리곤 합니다. 동물에게 먹히거나 밟혀서 부러지는 일도 발생합니다. 그런 일을 대비해서 식물은 예비 분열조직을 충분히 준비해둡니다.

바로 줄기와 잎의 사이인 잎겨드랑이에 액아라고 하는 분열조직이 자리 잡고 있습니다. 잎이 붙어 있는 곳마다 분열조직이 있다고 하니 꽤 여러 곳에 준비해둔 셈이지요. 가지 끝의 분열조직에 예측하지 못한 사태가 벌어졌을 때 언제라도 대신할 수 있도록 준비하고 있답니다.

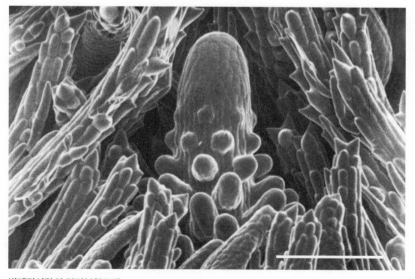

벌레먹이말의 경정분열조직
새로운 잎이 돌기 모양으로 계속해서 생성된다. (축척 바 0.1mm)

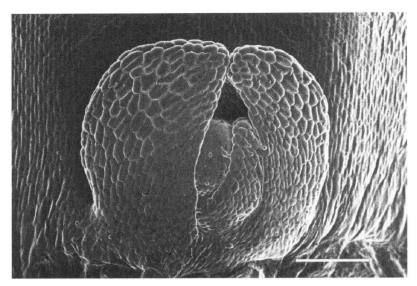

옥수수의 액아
어린잎 사이에서 반원 모양의 분열조직이 보인다. (축척 바 0.1mm)

　이처럼 식물의 대비는 상당히 철저합니다. 예를 들어 양배추 잎을 한 장 떼어내서 줄기 부분을 잘 살펴보면 작은 돌기구조의 액아를 관찰할 수 있습니다. 돋보기로 확대해 살펴보면 작은 잎사귀 모양이 보일지도 모르겠네요. 식물이 꽃 피울 준비를 시작하면 액아는 꽃눈으로 분화합니다.

● 길게 자란 후에 굵어지는 구조

　줄기와 뿌리 끝의 분열조직은 오로지 위로 길어지는 성장을 돕습니다. 식물은 지상에서 태양 빛을 확보하기 위해 다른 식물과 경쟁하며 신장합니다. 더불어 땅속에서는 수분과 양분을 확보하기 위해 뿌리가 계속 성장합니다. 이처럼 길이가 길어지는 성장을 **1차 생장**이라고 합니다.

하지만 계속해서 길고 얇게만 성장한다면 스스로 서 있기도 힘들어질 테지요. 그래서 몸통을 두껍게 하기 위한 측부 분열조직이 형성되어 비대생장을 시작합니다.

이렇게 비대하는 성장을 **2차 생장**이라고 합니다. 물관부에서는 물관과 헛물관을 통해 물과 무기양분을 운반합니다. 유기양분을 운반하는 체관부와 물관부 사이에는 형성층이라는 분열조직이 생성되는데, 형성층은 점차 원형으로 변해서 계속 세포분열을 일으킵니다. 분열한 세포는 형성층 안쪽에서는 물관부로 분화하고 바깥쪽에서는 체관부로 분화합니다.

이런 식으로 나무는 매년 굵어지며, 새롭게 생성된 물관부 세포의 크기가 계절에 따라 다르므로 나이테가 형성되는 것이랍니다.

나무껍질 아래의 코르크 형성층 역시 원형으로 생성되는 분열조직입니다. 이곳에서는 매년 굵어지는 나무줄기의 표면을 덮기 위해 계속해서 보호층을 생성해갑니다.

● **줄기의 비대생장**

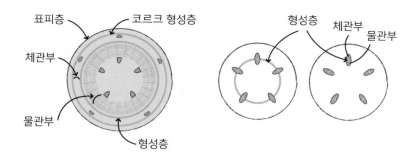

표피층　코르크 형성층　형성층　체관부　물관부
체관부
물관부
형성층

● 나무의 줄기는 길어지지 않는다?!

그런데 나무의 줄기는 매년 굵어지긴 해도 어느 정도 자란 뒤에는 위로 길게 자라는 일은 없습니다. 생각해보면, 어린 시절 딛고 올라갔던 나무의 줄기 높이는 몇 년이 지나도 그대로입니다. 계속 자라나는 곳은 가지의 끝부분으로, 가지 끝 분열조직에서 새로운 세포가 생성되고 신장성장을 하면 그다음에 굵어지는 과정을 반복하며 울창한 나무로 성장해가는 것이지요.

학생들에게 물어보면 나무의 줄기도 길어진다고 생각하는 학생이 의외로 많더군요. 애니메이션 〈이웃집 토토로〉를 보면 나무 줄기가 계속 성장해서 숲을 이루는 장면이 나옵니다. 정말 인상적인 모습이지만, 나무의 성장 과정을 생각해보면 오해를 불러일으킬 만한 장면이기도 합니다.

수십 년에 걸쳐 굵어진 나무의 물관부는 목재로 사용하거나 종이의 원료가 되기도 하며, 더 나아가서 장작이나 숯 등의 에너지 자원으로서 활약하는 등 다양한 용도로 이용됩니다. 목재는 광합성으로 이산화탄소를 빨아들여 생성된 탄소화합물로 이루어지므로 이산화탄소의 증가에 따른 지구온난화를 제어하는 데도 효과를 기대할 수 있답니다.

04 척박한 땅에서도 살아남는 콩류 식물의 '뿌리혹' 파워

> ### 뿌리혹
> ··
> 박테리아와 콩과 식물이 공생질소고정을 일으키는 조직. 대기의 80%
> 를 차지하는 질소를 식물이 이용할 수 있는 화합물로 변환시킨다.

● 대기 중의 질소가 생명을 유지하는 질소화합물로 변신

4월에서 5월 무렵이 되면, 사이타마대학의 캠퍼스에는 자줏빛의 살갈
퀴 꽃이 가득 피어납니다. 토끼풀도 여기저기 무리를 이루며 드넓게 자
리를 잡는데요, 흔한 식물인 만큼 다들 한 번쯤 이 토끼풀로 화관을 만
들거나 네잎클로버를 찾으며 놀았던 경험이 있을 겁니다.

캠퍼스를 가득 메운 이 식물들을 보고 있노라면 잡초라 하더라도 비
료를 주는 것도 아닌데 어떻게 이만큼 번식했는지 신기한 생각이 들기도
합니다. 사실 콩과(科) 식물은 어느 종이나 **'공생질소고정'**이라는 작용을
통해 공기 중의 질소를 이용하여 생존하고 있습니다.

살갈퀴는 꽃이 지고 나면 종자를 감싸는 꼬투리가 생기므로 콩과라는
사실을 알아채기 쉽습니다. 토끼풀은 작은 꽃이 모여서 꽃차례를 이루는

데, 작은 꽃 하나하나가 갈색으로 변한 뒤에야 가운데 작은 꼬투리가 생깁니다. 돋보기를 들이대야만 보이는 작은 대롱 모양의 꽃 속에 발달한 꼬투리를 보면 콩 종류라는 것을 이해할 수 있지요.

그리고 흙을 파서 이들 식물의 뿌리를 살펴보면 살갈퀴나 토끼풀 모두 뿌리 여기저기에 가늘고 긴 돌기가 돋아 있습니다. 대두나 강낭콩의 뿌리에는 둥그런 혹 모양으로 달렸지요. 양쪽 모두 '**뿌리혹**'이라고 하는 조직으로, 뿌리혹에는 공기 중의 질소를 고정하여 암모늄염으로 바꾸는 세균이 잔뜩 살고 있습니다. 질소는 대기의 약 80%를 차지하지만, 식물이 호흡할 수 있는 질소비료의 재료인 암모늄염으로 공업적인 변화를 일으키려면 엄청난 에너지가 필요하답니다.

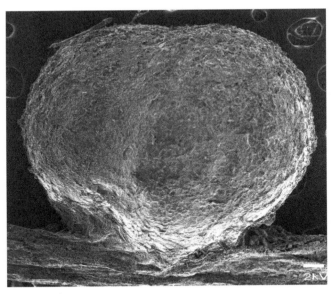

대두의 뿌리혹
대두와 강낭콩의 뿌리혹은 구형에 가까우며
완두콩과 누에콩, 토끼풀의 뿌리혹은 길쭉한 모양이다. (축척 바 0.1mm)

식물은 왜 질소가 필요할까요? 질소는 아미노산의 재료가 되며 아미노산이 모이면 단백질을 형성합니다. 식물조직의 단백질 비율은 동물조직보다 낮은 편이지만, 단백질은 유전자 정보를 토대로 만들어지므로 세포에 없어서는 안 될 물질입니다.

세포 내 반응은 모두 단백질로 만들어진 효소에서 일어납니다. 식물에는 근육이 없지만, 단백질로 이루어진 액틴 섬유가 세포 내 구조의 이동에 이용되고 있지요. 식물세포의 분열주기마다 다양한 활약을 하는 미세소관 역시 단백질이며, 세포막에서 물질수송을 담당하는 수송체도 단백질입니다. 일반적으로, 활용 가능한 질소원이 토양에 포함되어 있는가 하는 문제는 식물의 생육을 결정하는 중요한 요인이 됩니다.

● 최고의 공생관계

콩과 식물의 뿌리혹은 어떤 구조로 되어 있을까요? 토양 속의 뿌리혹박테리아는 콩과 식물의 뿌리털을 통해 세포 안으로 침입합니다. 그리고는 식물세포의 분열을 촉진해서 혹 모양의 돌기를 형성하고 돌기 안의 세포를 감염시키지요. 식물은 광합성을 통해 생성된 당을 뿌리혹박테리아에 영양원으로 공급하며, 박테리아가 살 수 있는 대량의 생체막을 만들어 세포 안에 장소를 제공합니다.

뿌리혹박테리아는 세포내공생체지만 식물의 막으로 격리되어 있습니다. 격리된 뿌리혹박테리아는 대기 중의 질소를 암모늄염으로 바꿔서 식물세포에 공급합니다. 뿌리혹박테리아로 가득한 감염세포 주변에는 박테리아에 감염되지 않는 세포도 함께 존재하는데, 이들 세포는 뿌리혹박테리아가 만들어낸 질소화합물을 지상부까지 수송하는 물질로 변화합니다. 뿌리혹박테리아와 콩과 식물의 공생관계를 이르러 서로 이득을 얻는 **'상리공생'**이라고 합니다.

땅에서 캐낸 뿌리혹을 잘라보면, 질소고정이 활발하게 일어나는 뿌리혹의 단면은 피처럼 붉은색을 띠고 있습니다. 이 붉은색은 레그 헤모글로빈으로 혈액의 헤모글로빈과 비슷한 물질이라고 합니다. "왜 뿌리혹에서 헤모글로빈이 나오지?" 하는 생각이 들지요? 뿌리혹박테리아가 질소고정에 사용하는 나이트로지네이스(nitrogenase)라는 효소는 산소에 매우 약하다고 합니다. 식물은 이 효소를 보호하기 위해 산소를 포획하는 레그 헤모글로빈을 생성해내는 것이지요.

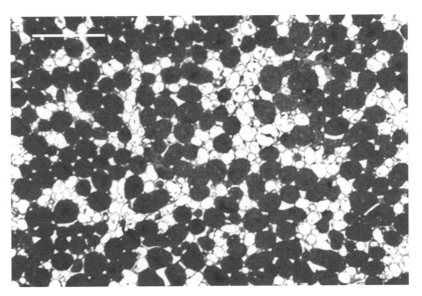

대두 뿌리혹의 감염세포(광학현미경상)
검게 보이는 부분이 감염세포이며 뿌리혹박테리아로 가득하다.
하얗게 보이는 부분은 액포화된 비감염세포. 두 세포는 함께 맞붙어 있다. (축척 바 0.1mm)

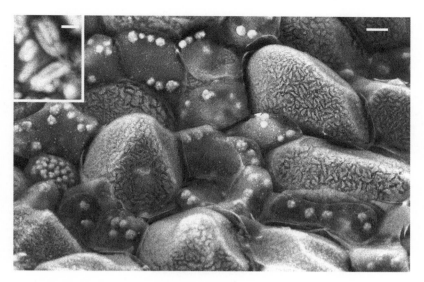

대두 뿌리혹의 감염세포(저온 주사전자현미경 반사전자상)

감염세포에는 뿌리혹박테리아를 지닌 공생체를 다량 포함하고 있다. 비감염세포에서 하얀 녹말 입자를 관찰할 수 있다. 식물세포는 뿌리혹박테리아에 당을 공급할 뿐만 아니라, 생체막과 헤모글로빈을 만들어 뿌리혹박테리아가 질소고정을 하기 위한 환경을 제공한다. (축척 바 0.01mm)

왼쪽 상단 박스 안의 사진은 감염세포 내 생체막에 둘러싸인 뿌리혹박테리아의 확대 사진이다. (축척 바 1㎛)

필자가 위스콘신대학에서 유학하던 1980년대는 생물의 질소고정에 관한 연구가 활발히 이루어지던 시기였습니다. 당시 생화학 연구실에서 처음으로 나이트로지네이스를 단리 정제했을 때 그 성질이 확인되지 않아 매우 애를 먹었다고 합니다. 그 원인 역시 산소에 닿으면 붕괴해버리는 효소 때문이라는 사실을 알게 되었습니다.

● 콩과 식물의 생명력

콩과 식물은 다른 식물이 생육할 수 없는 척박한 땅에서도 뿌리를 내릴 수 있습니다. 길가나 하천 옆에 자라는 아까시나무, 풀숲이나 잡목림 사이에서 번식하는 칡도 뿌리혹을 생성하는 콩과 식물이지요. 칡잎은 큼지막한 소엽 세 장으로 구성된 복엽이며, 가을에는 이삭 모양으로 보라색 꽃이 줄지어 꽃차례를 이룹니다.

예부터 칡의 덩이뿌리에서는 녹말을 채집해 갈분으로 이용했으며 뿌리는 생약으로 이용하곤 했습니다. 칡은 겨울 동안 땅속에 영양분을 축적해두었다가 이른 봄에 싹을 틔우면 급속도로 성장해서 다른 식물을 타고 올라가 햇빛을 빼앗아버립니다. 뿌리혹에서 질소고정을 하는 칡의 생명력은 놀라우리 만큼 강해서 없애버리기도 쉬운 일이 아니랍니다.

공생질소고정을 하는 콩과 식물은 식량 자원으로도 중요한 역할을 하고 있습니다. 우리가 평소에 먹는 대두, 강낭콩, 완두콩, 팥, 누에콩 등은 모두 뿌리혹을 만들어 대기 중의 질소를 이용하는 콩과 식물의 종자입니다. 이들 콩과 식물을 재배할 때 질소비료를 많이 주면 뿌리혹의 형성이 억제된다고 합니다. 개화기나 결실기에 이르면 뿌리혹의 유무로 생육의 차이가 발생하므로 질소비료를 주지 않는 편이 뿌리혹의 형성에는 효과적이라고 하네요.

콩과 식물의 종자는 곡류에 부족한 영양을 보충하기에 적합해 세계 각지에서는 곡류와 콩을 조합한 요리를 즐겨 먹습니다. 예를 들어 멕시코에서는 토르티야(옥수수)와 함께 칠리빈스(강낭콩)를 곁들여 먹지요. 요즘에는 어디에서나 세계 각국의 요리를 쉽게 접할 수 있으니 한번 경험해보는 건 어떨까요?

05 식충식물인 '벌레먹이말'의 생육에서 배우다

벌레먹이말

끈끈이귀개과에 속하는 수중 식충식물로 멸종 위기에 놓여 있다. 돌려나기잎 끝에 조개처럼 생긴 포충엽이 달렸으며 그 사이로 포획물을 잡는다.

● 벌레먹이말은 어떤 식물일까?

벌레먹이말은 물속에 사는 식충식물입니다. 옅은 녹색의 돌려나기잎이 6~8장 이어져 있으며 수면 아래에 떠서 생활합니다. 일본에서는 1890년에 후쿠타로(1862~1957)가 에도가와 강변에서 발견한 후, 일본어로 '무지나모'라는 이름이 붙여졌습니다.

무지나모의 '무지나'는 너구리의 다른 이름이라는 설도 있지만, 필자는 오소리를 의미한다고 생각합니다. 통발이라고 하는 다른 수생 식충식물의 형태가 너구리 꼬리와 어딘지 모르게 닮은 것처럼, 벌레먹이말은 오소리의 꼬리와 똑 닮았기 때문이지요.

예전에는 일본 각지에서 벌레먹이말이 발견되었지만 전쟁 후 환경의 변화를 겪으며 점점 자취를 감추고 말았습니다. 벌레먹이말의 마지막 자생지인 사이타마현 하뉴시의 호조지늪은 1966년에 천연기념물로 지정되었습니다.

● 먼저 생육환경의 복원이 필요하다

호조지늪이 천연기념물로 지정되자마자 태풍이 불어닥쳐 벌레먹이말이 다 떠내려가고 말았습니다. 그 후로 자생지라고는 하나 벌레먹이말이 전혀 생육할 수 없는 상황이 50년 가까이 지속되었지요. 그동안 지역 보존회에서는 벌레먹이말을 재배해 매년 여름과 가을에 자생지로 방류하는 활동을 벌여왔습니다. 또한 하뉴시 교육위원회에서는 처음 벌레먹이말을 발견한 호조지늪 일대에서 정기적으로 풀을 베고 수로의 진흙을 걷어내는 등 꾸준한 관리를 계속해왔지요.

하뉴시 교육위원회에서는 2009년부터 일본 문화청의 지원을 받아 벌레먹이말의 자생지 복원을 목표로 긴급조사를 실시했습니다. 그런 노력이 결실을 맺어 호조지늪에서 벌레먹이말이 월동을 보내고 번식해서 여름에 꽃을 피우는 모습까지 관찰할 수 있었습니다.

긴급조사 기간에 활동을 하는 동안 벌레먹이말이 생육하기 위해서는 다양한 동식물이 조화롭게 생육할 수 있는 환경을 유지하는 것이 무엇보다 중요하다는 사실을 깨달을 수 있었습니다. 모든 생물은 복잡한 네트워크 안에서 살아가고 있습니다. 생물 간의 상호작용은 아직 밝혀지지 않은 부분이 많지만, 주변 상황을 고려하며 조금씩 환경을 개선해가는 활동도 착실히 진행되고 있습니다.

2009년, 긴급조사를 시작할 당시에는 황소개구리의 올챙이로 가득했던 호조지늪의 수로에 이제는 다양한 수생식물이 살고 있으며 벌레먹이말이 무리 지어 생육하는 곳도 늘어났습니다. 벌레먹이말의 번식을 위한 노력은 시행착오를 거치며 계속되고 있습니다. 희귀종이었던 벌레먹이말의 생육이 우리에게 중요한 메시지를 던져주고 있는 것은 아닐까요?

벌레먹이말의 꽃
한여름에 더운 날씨가 이어지면 드물게 꽃을 피우기도 한다.
하루에 한 시간 정도만 모습을 드러내 환상의 꽃이라고 불린다.
암술은 불룩한 씨방과 손처럼 생긴 암술머리로 이루어진다. (축척 바 1mm)

호조지늪의 벌레먹이말 자생지
갈대, 부들, 마름, 개구리밥, 통발 등과 함께 벌레먹이말이 공존하고 있다.

벌레먹이말의 돌려나기잎
줄기 마디에서 6~8장의 잎이 돌려나기로 자란다. 돌려나기잎의 끝에는 조개처럼 생긴 포충엽이 달렸으며, 포충엽 안에 벌레가 들어오면 잽싸게 잎을 닫는다. (축척 바 1mm)

● 생물이 살 수 없는 물이란

"생물이 살 수 있는 수중환경이란 어떤 곳일까?" 하고 초등학생에게 물으면 대부분 '깨끗한 물'이라고 대답할 테지요. 벌레먹이말을 생육하기 위해서도 풍부한 수량과 빈영양 상태(물속의 영양분이 부족해 플랑크톤이 적고 산소가 풍부한 상태-옮긴이)의 '깨끗한 물'이 필요하다는 이야기를 자주 하곤 합니다. 그렇다면 '생물이 생활할 수 있는 깨끗한 물'이란 무엇인지 생각해볼까요?

생물이 살아가기 위해서는 반드시 에너지원이 필요하며 그 근원은 태양광에서 시작됩니다. 물속에는 광합성을 통해 태양광 에너지를 다른 생물이 이용할 수 있는 형태로 변환하는 식물 플랑크톤이 살고 있으며, 식물 플랑크톤은 물벼룩과 같은 동물 플랑크톤에게 잡아먹히고, 동물 플랑크톤은 다시 작은 물고기의 먹이가 되는 식으로 이어집니다. 생물이 살아가려면 적어도 물속의 식물 플랑크톤이 이용할 수 있는 질소화합물과 인산이 필요한 것이지요. 또한, 벌레먹이말은 빈영양 환경에서만 자랄 수 있는 것은 아니며, 충분한 영양을 갖춘 땅에서도 배양하고 번식할 수 있습니다.

다양한 생물이 생활하려면 적당한 영양분을 포함한 수중환경이 필요합니다. 하지만 영양분이 너무 많아 생물의 균형이 깨지면 도미노가 와르르 무너지듯 상황이 나빠져서 결국에는 생물이 살 수 없는 환경이 되고 맙니다. 모든 일에는 균형이 중요하다는 사실을 절감하게 되네요.

● 벌레먹이말의 포충엽은 어떤 구조일까?

조개처럼 생긴 벌레먹이말의 포충엽은 돌려나기잎의 끝부분에 달려 있습니다. 포충엽의 내부에는 모양이 다른 세 종류의 선모가 돋아 있는데, 바늘처럼 생긴 감각모에 물체가 닿으면 자극이 전기처럼 운동세포로 전달되어 눈에 보이지 않을 만큼 빠르게 포충엽이 닫힙니다. 이 움직임은 식물의 운동 중에서 가장 빠른 속도라고 합니다. 빠르게 움직이는 힘의 원천은 다른 식물과 마찬가지로 세포에 수분이 드나들며 생기는 팽압운동 때문이라는 사실도 밝혀졌습니다.

물벼룩과 같은 작은 물속 동물을 잽싸게 포획하고 나면 포충엽 중앙의 소화선모에서는 여러 가지 소화효소를 분비해 먹이를 분해하기 시작합니다. 이때 포충엽의 테두리를 빈틈없이 밀착해서 물속으로 소화효소가 흘러나오지 않게 하지요. 포충엽 테두리의 엑스(X) 모양 흡수모가 밀폐를 돕고 있을 거라고 추측되지만 자세한 구조는 아직 밝혀지지 않았습니다.

곤충을 소화하는 벌레먹이말의 포충엽은 마치 동물의 위와 같아서, 소화된 영양분은 포충엽에서 바로 흡수된다고 합니다. 이 과정에도 몇 가지 다른 가능성이 있지만 아직 확실히 밝혀지지 않았습니다. 곤충을 잡고 2~3일이 지나 양분의 흡수를 마치면 조개 모양의 포충엽이 다시 열리면서 다음 먹이를 기다리게 됩니다.

벌레먹이말의 포충엽 ⇨
세 종류의 선모가 돋아 있다. 바늘처럼 보이는 것이 감각모다. (축척 바 500㎛)

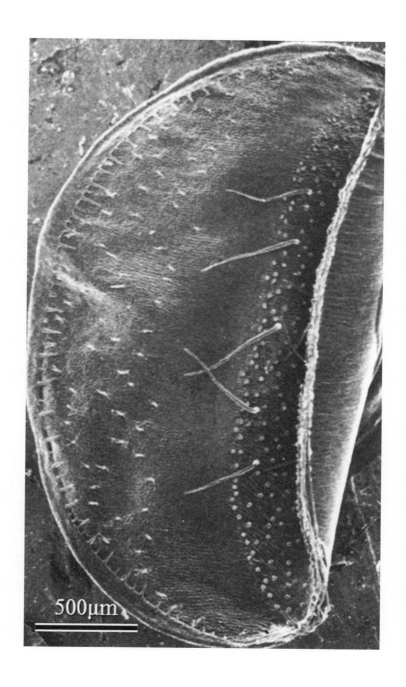

500μm

● 식충식물의 탄생

곤충을 잡아먹는 식충식물은 식물로서 상당히 특이한 방식으로 살아가고 있지만, 속씨식물의 다양한 무리를 통해 식충식물의 진화 과정을 엿볼 수 있습니다. 식충식물은 종류에 따라 곤충을 잡는 법과 소화하는 법도 다양하며, 대체로 질소원이 적은 빈영양 환경에서 생육한다고 합니다. 또한 스스로 광합성을 할 수 있어서 적당한 영양분만 있으면 곤충을 잡아먹지 않아도 살아남을 수 있습니다.

참고로, 벌레먹이말과 가장 가까운 식충식물은 화원에서 쉽게 볼 수 있는 파리지옥입니다. 파리지옥 역시 조개처럼 입을 벌린 포충엽을 갖고 있습니다. 감각모를 자극하면 천천히 잎을 닫는 모습을 TV를 통해 다들 한번쯤 본 적이 있을 겁니다. 땅에 사는 파리지옥은 남·북 아메리카 대륙에서만 볼 수 있으며 반대로 물에 사는 벌레먹이말은 아메리카 대륙에만 분포하지 않는다고 합니다. 같은 구조를 지닌 식충식물이 어떻게 육상과 수중으로 헤어지게 됐는지 궁금하네요.

먹잇감을 포획하고 소화효소를 분비해서 영양분을 흡수를 하는 구조를 따로 떨어뜨려 놓고 보면, 다른 식물 또한 이러한 기능을 갖추고 있다는 사실을 알 수 있습니다. 식충식물은 식물 본연의 구조를 효율적으로 조합해 먹이를 잡고 양분을 흡수하기까지 낭비 없는 구조를 이루고 있는 것이랍니다.

식충식물에 관한 궁금증은 아직 많이 남아 있지만, 식충식물에 관한 연구를 통해 이제까지 알려지지 않은 식물세포의 보편적인 구조를 밝혀낼 수 있으리라 기대하고 있습니다.

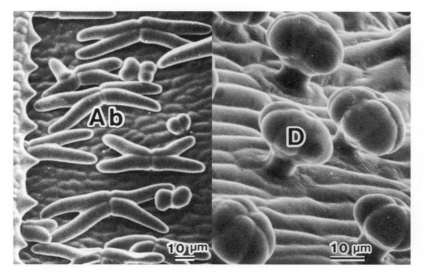

벌레먹이말 포충엽의 선모

왼쪽은 포충엽 테두리의 흡수모. 오른쪽은 포충엽의 중앙에 분포하는 소화선모로,
먹이를 잡으면 소화효소를 분비한다. Ab : 흡수모, D : 소화선모 (축척 바 10μm)

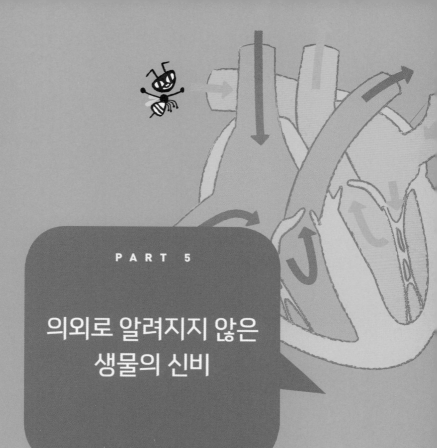

PART 5

의외로 알려지지 않은
생물의 신비

01 혈액형으로 과테말라인의 성격을 알 수 있을까?

혈액형

적혈구 표면의 단백질과 당사슬 구조에 따라 혈액을 분류하는 방식이다. ABO식 혈액형 외에 약 40종의 혈액형이 있으며, 전부 400종 이상으로 분류된다.

● 프랑스인의 90%는 A형과 O형

흔히 혈액형이 A형인 사람은 꼼꼼하고 차분하며, B형은 자기중심적이며, O형은 느긋한 성격이라고들 말합니다. 혈액형이 사람의 성격에 영향을 미친다는 그럴듯한 이야기가 존재하지요. 다만 과학적인 증거는 없습니다. 진짜일지도 모르고 완전히 엉터리 이야기일지도 모릅니다.

사실 ABO식 혈액형으로 성격을 따지는 것은 일본 고유의 습관입니다. 예외적으로 일본의 영향을 받은 한국이나 대만에서도 이 속설이 널리 퍼져 있긴 하나, 미국과 유럽의 여러 나라에서 혈액형으로 성격을 구분하는 이야기를 하면 신기하게 여긴다고 하네요.

어째서 일본에서는 ABO식 혈액형에 따른 성격 구분이 정착하게 되었을까요? 일본인의 혈액형은 A형이 38%, B형이 22%, O형은 31%, AB형은 9%로, 다른 나라보다 비교적 네 가지 혈액형이 균등하게 분포하고 있습니다. 일본인 네 명이 테이블에 앉으면 모두 혈액형이 달라서 이러쿵저러쿵 다양한 이야기를 나누게 될 테지요.

한편, 프랑스인은 A형과 O형이 대략 45%로, 이 두 혈액형을 합치면 전체 인구의 90%를 차지한다고 합니다.

중남미의 과테말라에서는 O형이 무려 95%를 차지하며 AB형은 거의 0%에 가깝습니다. 과테말라인 네 명이 테이블에 둘러앉으면 모두 O형일 가능성이 높은 것이지요. "네가 덤벙대는 건 O형이라서 그래!", "너는 성격이 꼼꼼한 O형이구나" 하고 성격을 분석하는 게 아무런 의미가 없는 셈이지요.

● **과테말라인의 혈액형별 성격을 따진다면?**

● 응집반응은 기동대와 비슷하다?

우리가 알고 있는 혈액형은 'ABO식'으로 분류한 것이며 A, B, O, AB형의 네 가지로 나눠집니다. 번화가를 지나다가 "AB형 혈액이 부족하니, 혈액형이 AB형이신 분은 꼭 헌혈해주시길 바랍니다!" 하고 헌혈을 독려

하는 사람들의 모습을 본 적 있나요? 이처럼 수혈을 할 때는 혈액형을 맞춰야 하며, 다른 혈액형을 수혈했다가 최악의 상황에는 죽음에 이르기도 합니다.

그렇다면 이 혈액형의 차이는 대체 무엇일까요? '혈액에는 개인차가 있다'는 사실을 처음으로 발견한 것은 1900년의 일입니다. 여러 사람의 피를 섞었더니 혈구가 모여 덩어리를 형성하는 '응집반응'이 일어났던 것이지요. 이번에는 혈액을 혈구와 혈장이라는 액체 성분으로 나누어 다른 사람의 혈구와 혈장을 섞는 실험을 되풀이했습니다. 이 실험을 통해 혈액에 응집이 일어날 때와 일어나지 않을 때가 있으며, 혈액을 분류할 수 있다는 사실도 알게 되었습니다. 이러한 분류 방법이 오늘날의 ABO식 혈액형입니다.

● **혈액의 분류**

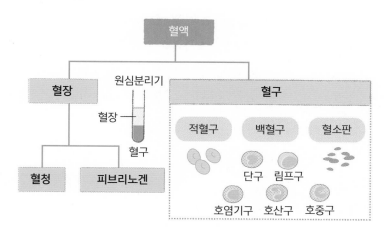

혈액의 응집반응은 타인의 적혈구를 이물질로 간주하는 생체방어 현상에서 발생합니다. 사람의 혈장에는 항체(응집소)라고 하는 단백질이 다량으로 존재하고 있어 적의 침입을 항상 대비하고 있습니다. 만약 적이 침입해오면 항체가 적에 달라붙어 적의 움직임을 멈추게 하지요. 게다가 항체끼리도 결합해서 무리를 이루므로 응집이 일어나는 것입니다. 기동대가 범인을 검거할 때 대원들이 범인을 둘러싸서 꼼짝 못하게 하는 모습을 상상해보면 이해하기 쉬울 겁니다.

● 혈액형은 당사슬에 따라 결정된다

항체는 자신에게 없는 물질을 구별해가며 결합합니다. 이러한 항체와 결합하는 물질을 항원이라고 하지요. 항체가 자신과 타인의 적혈구를 구분하는 이유는 자신에겐 없으며 타인에게는 존재하는 항원 때문입니다.

그렇다면 혈액형을 결정하는 항원(응집원)이란 무엇일까요? 사실 적혈구의 표면에는 미묘하게 구조가 다른 당사슬이 존재합니다. 당사슬이란, 당이 사슬 모양으로 연결된 것이지요. 이 사슬이 쭉 뻗은 한 가닥인지, 가지처럼 나눠졌는지, 혹은 다른 어떤 가지 모양인지에 따라 당사슬의 모양과 성질이 달라집니다.

● ABO식 혈액형의 ABC

이제 적혈구 표면의 당사슬에 따른 ABO형의 차이점을 알아볼까요? 먼저 기본이 되는 O형의 당사슬인 O형 항원이 있습니다. O형 항원은 꼭 O형이 아니더라도 모든 사람에게 존재하는 항원입니다. O형 항원에 당이 어떻게 달라붙는가에 따라 A형, B형으로 혈액형이 결정됩니다. 당이 달라붙으려면 효소가 필요한데, A효소를 지닌 사람은 A형 항원, B효소를 지닌 사람은 B형 항원을 생성해내는 것이지요. 그리고 어느 쪽 효소도 없으면 O형 항원 그대로입니다.

마지막으로 AB형은 모친으로부터 A효소를, 부친으로부터 B효소를 (혹은 그 반대로) 물려받았기 때문에 A형 항원과 B형 항원 모두를 만들어낼 수 있답니다.

적혈구 표면에 A형 항원이 존재하는 사람은 A형 항원에 결합하는 항체는 없지만 B형 항원에 결합하는 항체를 갖고 있습니다. 그래서 A형 혈장과 B형 혈구를 섞으면 응집하는 것이지요.

자신과 다른 혈액형을 수혈 받으면 위험한 상황이 발생하지만 예외도 존재합니다. O형 혈액을 A형이나 B형인 사람에게는 수혈할 수 있습니다. O형의 적혈구에는 A형 항원과 B형 항원이 모두 존재하지 않으므로 수혈 받는 쪽의 항체 공격을 피할 수 있는 것입니다. O형 혈장에 A형과 B형에 대한 항체가 존재하긴 하지만, 수혈 중에 포함되는 양은 매우 적어서 반응이 일어나도 큰 영향을 끼칠 정도는 아니라고 합니다.

A형과 B형인 사람의 혈액을 AB형인 사람에게 수혈할 수도 있습니다. 수혈을 받는 AB형은 A형 항원에 결합하는 항체와 B형 항원에 결합하는 항체가 모두 존재하지 않기 때문이지요. A형, B형의 혈장 안에 포함된 항체는 아주 극소량이므로 AB형의 적혈구에 반응하긴 해도 큰 영향을 끼치지는 않습니다. 하지만 정말로 긴급한 상황이 아니라면 이처럼 다른 혈액형을 수혈하는 일은 없다고 하네요. 역시 AB형인 사람에게는 AB형의 혈액이 안성맞춤이겠지요?

● ABO 형의 차이는?

A형 적혈구		A형 혈장	

당사슬

항체 ▽에 결합한다

B형 적혈구		B형 혈장	

당사슬

항체 ○에 결합한다

O형 적혈구		O형 혈장	

당사슬

항체 ○와 ▽에 결합한다

AB형 적혈구		AB형 혈장	

당사슬

항체   없음

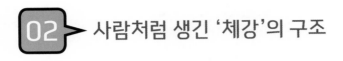

02 사람처럼 생긴 '체강'의 구조

체강

중배엽성의 세포층으로 둘러싸인 공간. 동물의 성체에서는 체벽과 내장 사이의 빈 공간을 일컫는다.

● 몸속의 빈 공간에서는 어떤 일을 할까?

몸속 구조를 들여다보면 '이곳에서는 대체 어떤 일을 하는 걸까?' 하고 궁금해지는 부위가 있습니다. 맹장도 그중 하나이지만, 더 신기한 곳은 **'체강'**입니다. 체강은 몸속의 빈 공간을 이르는 말입니다. 엄밀하게는 '중배엽에 둘러싸인 공간'을 가리키지요.

여기서 중배엽이 무엇인지 궁금해지지요? 고등동물의 몸은 대부분 세 개의 배엽(세포층)으로 형성됩니다. 피부와 신경이 분포하는 **외배엽**, 근육과 뼈, 심장이 되는 **중배엽**, 위와 장을 이루는 **내배엽**입니다. 체강은 '중배엽에 둘러싸인 공간'이므로 내배엽인 위와 장의 내부는 체강이라고 하지 않습니다.

한편, 피부와 소화관 사이의 빈 공간은 모두 체강입니다. 피부와 소화관은 중배엽에서 유래된 결합조직이 붙어 있는 이층구조이기 때문이지요. 체강 안은 수분(체액)으로 채워져 있습니다. 성인 남성은 체중의 약 60%를 수분이 차지하고 있는데, 그중 40%는 세포에 포함된 수분이며 남은 20%는 체강 내의 수분이라고 하네요. 사람의 몸속에는 의외로 빈 공간이 많답니다.

● 체강으로 몸을 대형화하다

만약 체강이 없었다면 몸은 어떤 구조가 되었을까요? 체강이 없는 무체강동물도 존재합니다. 예를 들어, 깨끗한 강에 사는 플라나리아와 바닷가의 돌 밑에 사는 성충류가 무체강동물에 해당하지요.

플라나리아는 몸을 반으로 잘라도 재생하는 동물로 유명해 과학 실험 시간에 종종 등장합니다. 플라나리아의 몸길이는 1~2cm 정도로 흡사 화살표(⇨)처럼 생겼습니다. 성충류는 바닷가에 사는 지렁이처럼 생긴 생물입니다. 둘 다 몸통이 흐물흐물하고 옆에서 보면 배와 등이 붙어 있는 것처럼 보입니다. 체강이 없으면 몸을 부풀릴 수 없으므로 몸이 흐물흐물할 수밖에 없는 것입니다.

체강이란, 체내에 풍선을 불어넣은 것과 같아서 세포 수를 늘리지 않아도 몸을 크게 만들 수 있다는 장점이 있습니다. 다만 몸이 커지면 체내에서 산소와 영양소를 활발하게 순환시켜야겠지요. 따라서 순환계 기관인 혈관과 심장에서 체강 내의 체액을 순환시키고 체내의 환경을 일정하게 조정하게 되었습니다.

● 인간과 성게가 닮은 점은 무엇일까?

체강의 형태와 형성 방식은 생물학자에게 매우 중요한 연구 대상입니다. 동물을 분류할 때에 연관되는 부분이 많기 때문이지요.

우선 체강의 형성 방식에 따른 차이점을 알아볼까요? 체강은 생물의 발생 초기에 배아 안에서 나타나는데, 중배엽의 세포 덩어리 안에 생긴 작은 공간이 체강으로 변화합니다. 이 같은 방식을 **원중배엽 세포계**라고 하며 지렁이 등의 환형동물이나 조개 등의 연체동물, 곤충 등의 절지동물의 발생과정에서 원중배엽 세포계가 나타납니다.

또 다른 방식도 존재합니다. 먼저 한 겹의 세포층으로 이루어진 원장이 생성됩니다. 원장은 소화관의 기원이 되는 곳으로, 원장 끝의 불룩 튀어나온 부분이 분리되면서 다른 공간이 생성되지요. 이를 **원장 체강계**라고 하며 사람을 포함한 척삭동물이나 성게·불가사리 같은 극피동물에서 볼 수 있습니다. 무척추동물 중에 성게와 불가사리가 우리와 가까운 동물이라고 하는 이유는 체강의 형성 방식이 흡사하기 때문입니다. 성게와 인간, 이 둘을 겉으로 봐서는 공통점을 전혀 찾아볼 수 없는데도 가까운 형질을 지녔다고 말할 수 있는 이유는 이들 생물의 본연의 모습을 이해한 관점에서 바라봤기 때문이 아닐까요?

● 체강의 형성 방식

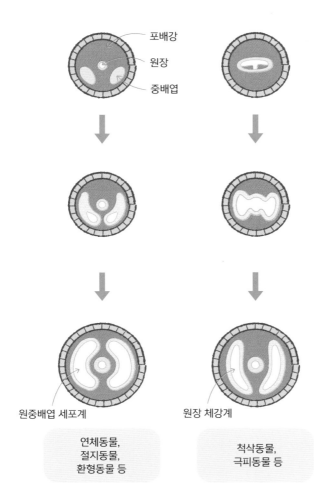

포배강
원장
중배엽

원중배엽 세포계

원장 체강계

연체동물,
절지동물,
환형동물 등

척삭동물,
극피동물 등

03 진화 수준은 '심장'의 높이로 정해진다?

심장

. . . .

몸에서 펌프와 같은 역할을 하는 기관이다. 근육으로 이루어졌으며 안이 비어 있다. 사람의 심장은 1분에 5.5리터, 하루에 8,000리터의 혈액을 몸 전체로 내보낸다. 심방과 심실로 나뉘어 있으며, 그 수와 구조는 동물마다 다르다.

● 대형화된 몸에 '심장'이 생기다

모든 세포는 산소를 흡수해서 이산화탄소를 방출하는 **'기체 교환'**을 합니다. 세포 호흡을 통해 에너지를 생성해내기 때문이지요.

몸집이 작은 동물은 몸의 바깥쪽 세포가 산소를 빨아들여서(피부 호흡) 몸속으로 산소를 확산시키는 방법으로 모든 세포가 기체 교환을 할 수 있습니다. 다시 말해 특별한 호흡기관이 필요 없다는 뜻입니다.

한편, 몸집이 커지면 피부호흡만으로는 몸의 중심 세포까지 산소를 공급할 수 없습니다. 그래서 몸이 커다란 동물에게 아가미나 폐(허파)와 같은 기체 교환 전용 기관이 필요해지는 겁니다.

하지만 아가미와 폐, 그 주변에서 기체 교환을 하더라도 이들 기관과 멀리 떨어진 세포에서는 기체 교환이 일어나지 않습니다. 그래서 이번에는 혈관과 심장으로 이루어진 순환계가 발달하게 됩니다. 심장 박동에 따라 혈액의 흐름이 생기면 심장에서는 산소와 영양소를 내보냅니다. 심장 박동이 멈춰 산소가 몸 구석구석까지 닿지 않아 세포가 호흡할 수 없게 되면 생명을 잃고 맙니다. 즉, 심장은 생명의 근원이라고 할 수 있을 만큼 중요한 기관이랍니다.

● 심장의 역할과 진화

사람을 포함한 포유류의 심장은 2심방 2심실 구조입니다. 심방이란, 혈액을 잠시 저장해두었다가 심실로 내보내는 기관입니다. 심실은 펌프처럼 움직여서 혈액을 전신으로 보내는 기관이지요. 즉, 심장의 주요 역할은 심실에서 맡고 있는 셈입니다.

사람의 심장에서는 혈액이 어떻게 흘러가는지 알아볼까요. 먼저 온몸의 혈액이 대정맥을 통해 우심방으로 흘러 들어갑니다. 우심방에서 우심실로 들어간 혈액은 우심실의 펌프 작용으로 폐동맥을 통해 폐에 도착하며, 폐의 모세혈관에서 산소와 이산화탄소의 교환이 일어납니다. 산소가 풍부해진 혈액은 폐정맥을 통해 좌심방에 머물렀다가 좌심실을 통해 빠져나갑니다. 그리고는 대동맥을 통해 온몸의 모세혈관으로 뻗어나가 산소와 이산화탄소를 교환하지요. 다만 폐의 모세혈관과 온몸의 모세혈관을 지날 때는 혈압이 약해집니다. 그래서 폐로 혈액을 보내는 펌프와 온몸으로 혈액을 보내는 펌프를 이중으로 탑재하여, 혈압이 약해지는 일 없이 효율적으로 산소와 이산화탄소를 교환하도록 진화한 것입니다.

● 심장의 구조와 혈액의 흐름

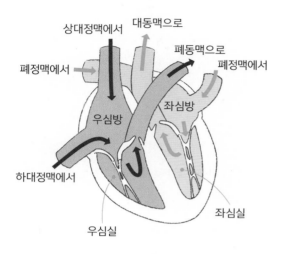

● 개구리의 심장은 진화 수준이 낮은 걸까?

다른 척추동물의 심장은 어떤 구조일까요? 어류의 심장은 1심방 1심실, 양서류는 2심방 1심실이며, 파충류는 2심방 1심실 혹은 2심방 2심실도 있습니다.

어류에서 양서류, 파충류를 거쳐서 포유류로 진화했다고 생각한다면, 척추동물이 진화를 거듭할수록 심장도 복잡해지고 고도로 진화를 이룬 거라고 추측하기 쉽습니다.

그렇다면 사람의 심장이 가장 뛰어난 펌프 기능을 갖추고 있는 걸까요? 먼저 개구리의 심장을 살펴봅시다. 양서류인 개구리의 심장은 2심방 1심실로 이루어졌습니다. 온몸을 돌아온 혈액은 우심방으로, 폐에서 흘러나온 혈액은 좌심방으로 모여서 함께 하나의 심실로 흘러 들어갑니다. 심실에 모인 혈액은 대동맥과 폐동맥, 두 방향으로 갈라지게 됩니다.

이처럼 산소를 포함한 깨끗한 혈액과 온몸을 순환하고 온 혈액이 하나의 심실에서 섞이므로 개구리의 심장은 '순환 효율이 나쁜 심장'이라고 여겨져 왔습니다. 하등한 동물인 개구리는 심장의 기능도 뒤떨어진다는 것이지요.

하지만 자세히 조사해본 결과, 심장의 효율이 나쁜 것이 아니라 특이한 기능을 지니고 있다는 사실이 밝혀졌습니다.

먼저, 두 개의 심방에서 흘러나온 혈액은 심실에서 거의 섞이지 않은 채 순환합니다. 심방의 출구가 나선형 밸브처럼 되어 있어서 심실 내의 두 혈액의 흐름을 각기 다른 출구로 유도하게 됩니다.

개구리는 수륙양서 생활에 대응하는 특이한 심장 구조를 가졌습니다. 폐호흡을 할 수 없는 물속에서는 심실에서 폐로 보내는 혈액을 줄입니다. 그러면 몸 전체로 보내는 혈류량을 높일 수 있게 되지요. 즉, 폐를 통과하지 않고 혈액을 순환시켜서 피부호흡으로 산소를 공급하거나 혈액 안의 산소를 남김없이 소비하는 것입니다.

만약 사람처럼 2심방 2심실 구조인데 폐로 들어가는 혈액이 없어진다면, 온몸으로 공급되는 혈액의 흐름도 멈춰버리고 맙니다. 소형전구와 건전지 두 개가 연결된 회로에 비교한다면, 개구리의 심장은 병렬로 연결된 건전지이며 사람의 심장은 직렬로 연결된 건전지와 같습니다. 이처럼 개구리와 같은 양서류의 심장은 수륙양서 생활을 위해 독자적으로 진화했답니다.

● 척추동물종의 심장 형태와 순환계의 관계

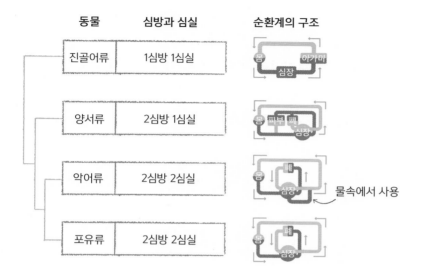

동물	심방과 심실	순환계의 구조
진골어류	1심방 1심실	몸 아가미 심장
양서류	2심방 1심실	몸 피부 폐 심장
악어류	2심방 2심실	몸 폐 심장 (물속에서 사용)
포유류	2심방 2심실	몸 폐 심장

● 필요한 건 최첨단 기술보다 맞춤형 기술

악어의 심장 역시 독자적인 구조로 이루어졌습니다. 악어는 사람과 똑같이 2심방 2심실입니다. 사람의 심장은 우심실에서 폐동맥을 통해 폐로 이어지지만, 악어는 우심실에서 폐동맥과 대동맥, 두 가지 길로 갈라집니다. 악어가 땅으로 올라오면 우심실에서 대동맥으로는 혈액이 흐르지 않고 폐동맥으로 혈액이 흘러서 폐호흡을 합니다. 물속으로 들어가면 폐동맥의 밸브가 닫히면서 우심실에서 대동맥으로 혈액이 흐르게 되지요. 바꿔 말하면 폐를 지나지 않고 심장의 우측으로만 온몸에 혈액을 공급해서 혈액에 남은 산소를 효율적으로 사용한다는 뜻입니다.

이처럼 고등동물이라고 해서 몸의 구조가 복잡한 것은 아니며, 모든 환경에 적응할 수 있는 것도 아닙니다. 생활환경에 특화된 몸의 구조를 지녔다면 진화의 측면에서 하등한 종이라 하더라도 절대 뒤떨어지지 않는다는 사실을 개구리와 악어의 심장을 통해 알게 되었네요.

예컨대 새로운 스마트폰을 출시할 때, 온갖 최첨단 부품을 장착하기보다 사용자에게 편리한 사양을 갖춰서 기존보다 우수한 제품을 생산해내곤 합니다. 동물의 진화 역시 당사자에게 얼마나 적합한지가 가장 중요한 것이랍니다.

04 식물세포의 형태는 왜 그렇게 다양할까?

원형질체

식물세포가 세포벽 분해효소를 만나 세포벽이 제거된 상태. 세포막으로 둘러싸였으며, 주변의 삼투압이 높으면 구형이 되고 삼투압이 낮으면 파열한다.

● 세포벽과 액포의 관계

식물의 세포는 여러 가지 형태가 존재합니다. 가장 흔히 볼 수 있는 모양은 가늘고 긴 원통형이지만, 퍼즐 조각 같은 모양이나 테트라포드처럼 여기저기 돌기가 돋아 있는 모양(해면 조직세포)도 있습니다.

세포를 둘러싼 세포막은 비눗방울이나 거품처럼 형태를 자유자재로 바꿀 수 있습니다. 세포 내 액보다 삼투압이 높은 용액에서 세포막 밖의 세포벽을 효소로 분해하면 **원형질체**라고 하는 둥근 모양의 세포가 생성됩니다.

예를 들어, 엽육세포에서 생성된 원형질체는 세포막 안에 녹색 엽록체가 빼곡히 들어차 있습니다. 현미경으로 관찰해보면 마치 녹색 공이 데

굴데굴 굴러가고 있는 모양이지요. 둥근 모양이 되는 이유는 생리적으로 가장 안정된 모습이기 때문입니다.

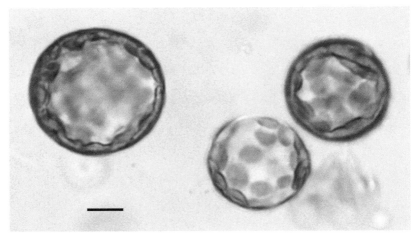

누에콩의 원형질체
엽육세포의 세포벽을 효소로 분해하면 세포막 안에 둥근 원형질체가 생긴다. (축척 바 0.01mm)

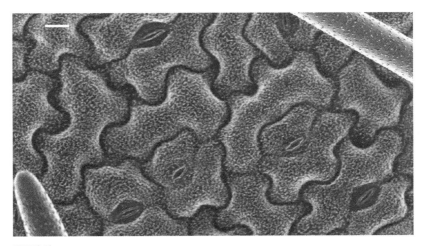

대두의 잎
표피세포가 퍼즐처럼 얽혀 있다. 세포 사이로 기공이 보인다. (축척 바 0.01mm)

그렇다면 이처럼 세포막으로 둘러싸인 둥근 원형질체를 원주형이나 퍼즐 모양으로 바꾸려면 어떻게 해야 할까요? 둥근 원형질체를 고무풍선에 비교해서 생각해봅시다. 바람을 불어넣은 둥근 고무풍선을 가늘고 길게 만들려면 어떻게 해야 할지 말이죠. 학생들에게 물어보면 기다란 '상자에 넣는다'거나 '끈으로 둘둘 말아버린다'는 대답이 돌아오곤 하는데요. 두 방법 모두 식물세포에서 실제로 일어나는 현상과 상통하는 부분이 있습니다.

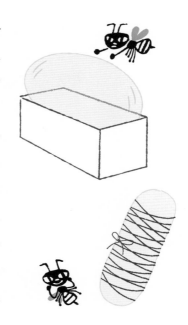

● 식물을 지탱하는 팽압

세포벽의 주요 성분은 글루코스가 사슬처럼 연결된 셀룰로스 섬유입니다. 이 섬유가 놓여 있는 방향에 따라 세포가 성장하는 방향이 결정되지요. 셀룰로스 섬유가 끈처럼 돌돌 말려 있다면, 셀룰로스 섬유가 말려 있는 방향으로는 굵어질 수 없습니다. 셀룰로스 섬유의 수직 방향으로만 길어질 수 있기 때문입니다.

식물세포의 세포벽은 셀룰로스 섬유 사이로 헤미셀룰로스 등의 다당류가 채워져 있어 껍질처럼 보입니다. 식물세포막 안쪽은 대부분 액포라고 하는 커다란 물주머니가 차지하고 있는데, 액포가 물을 빨아들여 부풀어 오르는 힘이 세포 성장의 원동력이 됩니다.

세포가 물을 빨아들여 부풀어 오를 때, 셀룰로스 섬유의 위치와 세포벽이 얼마나 단단한지에 따라 신장하는 부위와 방향이 정해집니다. 세포벽이 팽압에 저항할 수 있을 만큼 단단해지면 세포는 그 이상 크게 자랄 수 없게 된답니다.

팽압은 식물체를 지탱할 때도 중요한 역할을 합니다. 세포 내의 수분이 줄어들어 팽압을 유지할 수 없게 되면 세포도 시들어버리고 맙니다. 물을 주지 않아 풀썩 쓰러진 식물에 부랴부랴 물을 주었더니 어느새 일어나 있어서 깜짝 놀란 적이 있지요? 이는 세포 안의 팽압을 회복했기 때문입니다.

● 미세소관의 역할

식물세포는 분열하고 성장하는 주기를 반복합니다. 이러한 주기 사이사이에 지름이 24nm(나노미터)인 **미세한 관(미세소관)**의 활약을 관찰할 수 있습니다. 미세소관은 우선 세포가 분열하기 전에 분열이 일어날 위치에 나타나 염색체의 이동에 관여합니다. 그런 다음 새롭게 생성된 세포 사이의 격벽을 형성하는 데도 도움을 주지요.

세포의 분열이 끝나고 세포가 성장하는 단계에 들어서면 미세소관은 세포막 바로 아래 나란히 늘어서게 되는데, 이러한 상태를 표층미세소관이라고 합니다. 세포막 위에 새롭게 형성된 셀룰로스 섬유의 방향을 조절하기 위해서는 이 표층미세소관의 방향이 중요하다는 사실이 밝혀졌습니다.

예를 들어, 원래는 긴 원통형이 되어야 할 세포를 약품으로 처리해 미세소관을 파괴하면 세포는 원형이 되고 맙니다. 미세소관이 없어지면 셀룰로스 섬유의 방향이 흐트러져서 규칙성이 없어지고 결국 세포의 모양을 제어할 수 없게 됩니다.

또한, 잎의 표피세포처럼 퍼즐 모양의 세포가 만들어질 때는 잘록하게 들어간 부위에 미세소관이 주로 분포하게 되며 그 미세소관과 거의 같은 위치에 셀룰로스 섬유가 형성된다는 사실도 알려졌습니다.

즉, 셀룰로스 섬유가 촘촘히 에워싼 부분은 두꺼워지지 못하므로 세포의 모양이 잘록해지는 것이지요. 이 셀룰로스 섬유의 방향과 밀도는 세포막 안쪽의 표층미세소관에서 결정된다고 합니다.

● 규칙적으로 늘어서는 신기한 로제트 구조

무명은 목화의 씨앗에 붙은 면화로 만든 섬유로, 주성분은 셀룰로스입니다. 이 목화의 종자에서 셀룰로스 섬유를 활발하게 합성하는 세포를 전자현미경으로 관찰했더니 세포막 안에서 특색 있는 입자구조를 발견할 수 있었습니다. 이 발견은 1970년대의 일입니다. 똑같은 구조는 목화 외의 다른 식물에서도 관찰되었고 더욱 상세한 구조를 밝혀냈습니다. 이 구조는 미세한 입자가 여섯 개씩 규칙적으로 늘어선 모양으로, 장미꽃처럼 생겼다고 해서 **로제트 구조**라고 불린답니다.

이 로제트 구조가 셀룰로스의 합성에 관여한다는 사실은 한참 뒤에야 밝혀졌습니다. 세포막 안에 규칙적으로 자리 잡은 모습은 전자현미경으로만 관찰할 수 있으며, 작은 장미꽃 모양은 상상력을 자극시켜 상당히 매력적으로 느껴지기도 합니다.

세포막 안의 로제트 구조는 세포막 아래의 표층미세소관을 따라 이동하며 셀룰로스 섬유를 합성해갑니다. 그 결과, 셀룰로스 섬유의 방향은 미세소관의 방향과 같아지지요.

　이 같은 구조로 만들어진 셀룰로스는 지구상에서 가장 많이 존재하는 고분자라고 합니다. 셀룰로스는 종이나 무명의 원료로 이용되며, 사람들의 생활에 없어서는 안 될 물질입니다. 또한 우리의 장 건강을 유지하는데 필요한 식이섬유도 이 셀룰로스 섬유를 말하는 것이랍니다.

● **세포막을 할단했을 때 보이는 로제트 구조**

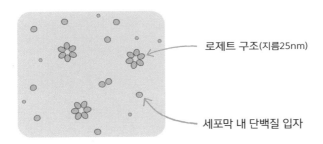

로제트 구조(지름25nm)

세포막 내 단백질 입자

05 단풍과 꽃을 물들이는 '액포와 색소체'

액포와 색소체

수용성 안토시아닌은 액포에서, 지용성 카로티노이드는 색소체에서 색을 발산한다. 액포와 색소체의 서로 다른 색소가 어우러져 단풍과 꽃잎을 물들인다.

● 가을을 물들이는 단풍의 원리

푸른 잎을 배경으로 형형색색 꽃이 만발합니다. 그런 뒤 식욕을 돋우는 채소와 과일이 결실을 맺기 시작하면 어느새 가을을 눈부시게 물들이는 단풍의 계절이 돌아오지요. 밝고 선명한 색부터 복잡 미묘한 그러데이션까지, 식물이 만들어내는 색은 참으로 다양합니다. 이처럼 다채로운 식물의 색은 대체 어떻게 만들어지는 걸까요?

먼저 가을에 만날 수 있는 단풍에 관해 알아보도록 하지요. 가을이 깊어지면 감나무 잎도 벚나무 잎도 노랗고 붉게 물듭니다. 이제 막 떨어진 낙엽을 모아보면 낙엽 한 장에서도 여러 색이 섞여 있는 복잡한 색채를 관찰할 수 있지요. 잎을 뒤집어보면 앞면과는 또 다른 색이 나타납니다.

잎사귀의 색은 저마다 다르며 고유의 무늬를 띠고 있습니다. 무늬와 색이 완전히 똑같은 잎은 찾아볼 수 없지요.

아직 녹색이 남아 있지만 붉고 노랗게 물든 감나무 잎을 얇게 잘라 현미경으로 관찰해보았습니다(163쪽 그림 참조). 잎에서 광합성을 하는 두 종류의 세포가 보이지요. 잎 표면의 울타리 조직세포는 전체적으로 붉게 물들었습니다. 이는 세포 대부분을 차지하는 액포에 붉은 안토시아닌이라는 색소가 축적되었기 때문입니다.

또한 그 아래의 해면 조직세포에는 노란 알갱이가 보입니다. 세포에 따라서는 이 알갱이가 아직 녹색인 곳도 있네요. 그렇습니다. 이 구조는 광합성을 담당하는 엽록체가 낙엽이 지기 전에 녹색 색소인 클로로필을 분해하여 노란색으로 변화하는 모습입니다.

노란색은 카로티노이드라고 하는 색소의 일종으로, 엽록체 안에 존재하지만 클로로필의 녹색에 가려져서 보이지 않았던 것입니다.

엽록체는 모든 식물세포 안에 존재하며 세포의 발달단계나 역할에 따라 다양한 모습으로 변화합니다. 녹말 입자를 지닌 녹말체, 붉고 노란 색소를 포함하는 유색체, 색소가 없는 백색체는 모두 엽록체의 한 종류인 **색소체**입니다. 엽록체가 유색체로 변하거나 녹말체로 변하는 일도 있습니다. 단풍의 미묘한 색조는 액포에 축적된 안토시아닌의 붉은색과 색소체의 카로티노이드가 내는 노란색, 그리고 잔존해 있는 클로로필의 녹색이 만들어내는 합작품인 셈이랍니다.

필자가 대학원을 다녔던 미국 중서부의 위스콘신주 메디슨에는 푹푹 찌는 여름과 꽁꽁 얼어붙는 겨울만이 존재했으며, 두 계절 사이로 일주일씩 가을과 봄이 지나갔습니다. 그 짧은 가을에 모습을 드러내는 단풍은 화사하기 이를 데 없었지요. 청명한 하늘이 계속되는 짧은 가을이 지나면 갑자기 기온이 내려가 겨울이 시작됩니다. 날씨가 좋을 때 광합성으로 액포에 축적해두었던 당분이 기온이 급격히 내려가자 선명한 붉은색의 안토시아닌으로 변화한 것이라고 합니다.

● **단풍잎의 구조**

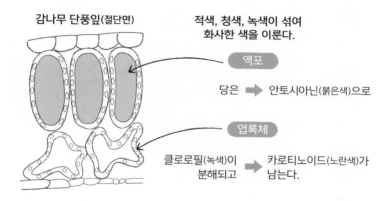

감나무 단풍잎(절단면)

적색, 청색, 녹색이 섞여 화사한 색을 이룬다.

액포

당은 ➡ 안토시아닌(붉은색)으로

엽록체

클로로필(녹색)이 분해되고 ➡ 카로티노이드(노란색)가 남는다.

● 꽃의 색은 어떻게 물드는 걸까?

다음으로 꽃의 색을 살펴볼까요? 식물도감에는 종종 꽃의 색에 따라 꽃을 분류해놓기도 합니다. 하얀색, 노란색이나 주황색, 붉은색, 자주색, 파란색 꽃 등으로 나누어놓는 식이지요.

꽃잎 세포에 색이 물드는 구조는 단풍과 거의 비슷합니다. 붉은색, 자주색, 파란색 꽃은 꽃잎 세포의 대부분을 차지하는 액포에 붉은색이나 파란색의 안토시아닌을 포함하고 있습니다. 또한 노란색 꽃은 세포 안에서 노란색 입자를 관찰할 수 있지요. 노란색 입자는 카로티노이드를 포함하는 유색체(엽록체의 일종)입니다.

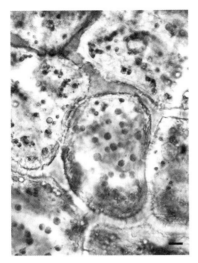

붉은색 파프리카의 세포
붉은 입자가 잔뜩 보인다. 엽록체가 붉은색
유색체로 변화한다. (축척 바 0.01mm)

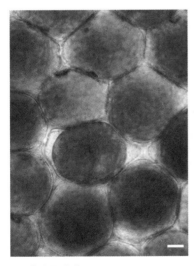

백일홍의 꽃잎 세포
분홍색 설상화의 꽃잎 세포에서는 액포가 진한
분홍색으로 물들었다. (축척 바 0.01mm)

대부분은 액포나 유색체, 어느 한 쪽의 색이 나타나기 마련이지만, 단풍처럼 액포와 유색체 양쪽의 색을 모두 반영할 때도 있습니다. 예를 들어 금잔화의 꽃잎은 노란색과 붉은색이 섞여서 주황색으로 보이기도 합니다. 세포를 들여다보면 붉은 안토시아닌을 포함한 액포와 노란 카로티노이드를 포함한 유색체 입자를 모두 관찰할 수 있지요. 액포의 안토시아닌은 수용성이며 유색체인 카로티노이드는 지용성이라는 차이가 있답니다. 나팔꽃의 색이 물에 쉽게 녹아나는 이유는 나팔꽃의 색소가 수용성이기 때문입니다. 요리를 할 때 당근의 주황색이 기름에 배어 나오곤 하는데, 이는 지용성이기 때문이지요.

카로티노이드는 노란색과 주황색 외에 붉은색일 때도 있습니다. 붉은색 꽃이 피는 이유는 액포가 붉거나 유색체의 입자가 붉은색이기 때문입니다. 이른바 검붉은 장미꽃의 짙은 붉은색은 액포 안의 안토시아닌이 내는 색입니다. 그에 비해 색이 연한 장미꽃의 연홍색은 유색체의 카로티노이드가 내는 색입니다. 노란색 꽃 역시 유색체인 카로티노이드의 색일 때와 액포에 포함된 베타레인이라는 수용성 색소가 내는 색일 때가 있는데, 베타레인이 어떤 물질인지는 아직 자세히 밝혀지지 않았다고 합니다.

● 특별한 색감을 표현하는 구조색

꽃의 색을 표현하는 또 하나의 요소는 꽃잎 세포의 표면구조입니다. 전자현미경으로 시클라멘 꽃잎의 표면을 들여다보면 줄무늬가 이어진 것처럼 보이지요. 이 줄무늬와 빛의 상호작용으로 생기는 광택과 미묘한 색의 변화를 **구조색**이라고 합니다. 하얀 봄망초의 꽃잎 표면에서도 가는 줄무늬를 관찰할 수 있습니다.

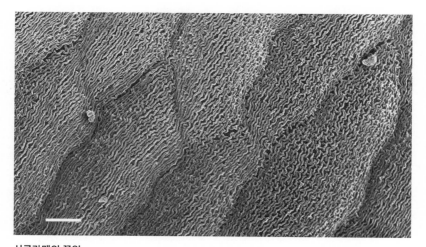

시클라멘의 꽃잎
표면에 큐티클로 이루어진 세밀한 줄무늬가 보인다.
이 줄무늬가 독특한 광택을 내는 구조색의 요인이 아닐까? (축척 바 0.01mm)

꽃의 색은 꽃가루를 운반하는 곤충을 유혹하기 위해 고안된 수단이지만 아름다운 꽃을 바라보고 있노라면 어른, 아이 할 것 없이 우리의 마음이 따뜻해집니다. 예전에 어디에선가 읽은 칼럼에서 '베트남 전쟁이 끝나고 광장에서 화사한 꽃을 파는 모습에 평화를 실감했다'는 문장이 문득 떠오르네요.

PART 6

생물학의 뼈대를
이루는 법칙과 발견

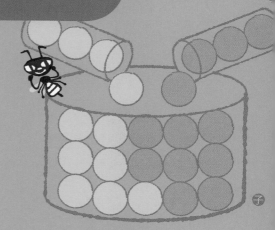

01 '대립형질'로 유전에 관한 수수께끼를 파헤치다

대립형질

개체에 따라 차이점이 분명하게 드러나는 형태와 성질. 교배했을 때 어느 한쪽의 형질만 나타난다. 둥근 완두콩과 주름진 완두콩에 관한 연구가 유명하다.

● 오래전부터 계속 이어지는 유전 연구

'그 아비에 그 아들' 혹은 '콩 심은 데 콩 나고 팥 심은 데 팥 난다'와 같은 옛 속담에서도 알 수 있듯이, 부모의 혈액형과 피부색·키·체중 등의 형질이 자식에게 어떻게 전해지는가 하는 문제는 시대를 뛰어넘는 커다란 관심거리였습니다. 다시 말해, 옛날 사람도 유전의 존재를 알고 있었다는 뜻이지요.

사실 부모의 형질이 자식에게 어떻게 전해지는가를 밝혀내는 연구는 옛날부터 있었습니다. 연구자들은 애완동물과 가축의 키와 체중, 털색과 같이 대략적인 형질을 이용해 유전을 연구해왔지요.

키와 체중은 유전뿐 아니라 주변의 생육환경에도 많은 영향을 받습니다. 예를 들어 사자처럼 무리를 지어 행동하는 동물은 무리 안의 사회적 지위가 저마다 달라서 같은 먹이를 주더라도 같은 양을 먹는다고 단정할 수 없습니다. 또한 털색은 여러 유전자가 복잡하게 얽혀서 규정화하기가 여간 까다로운 일이 아니지요. 즉, 자식의 형질을 검사해도 매회 결과가 달라지므로 '유전의 원칙'이 되는 특징을 알아낼 수 없었던 것입니다.

이처럼 많은 연구자들이 시행착오를 거듭하며 답을 찾아내지 못했던 시대에, 보란 듯이 논리적인 답을 해명해낸 사람이 바로 **멘델**입니다. 멘델 역시 다른 연구자들처럼 유전의 원리에 흥미를 느껴 여러 종류의 동식물을 생육하며 유전 형질에 관한 실험을 반복했습니다. 게다가 농가 출신이었던 터라 고향의 학교에서도 양봉과 과일 재배를 가르친 경험이 있었지요. 이를 바탕 삼아 이런저런 동식물로 실험을 계속하던 끝에 마지막으로 완두콩의 유전에 관한 실험을 해보기로 결심했습니다. 이 완두콩을 이용한 것이 유전의 법칙을 발견할 수 있었던 결정적인 신의 한 수였답니다.

● 완두콩의 장점

완두는 콩과 식물입니다. 콩과 식물은 꽃을 완전히 피우지 않고도 자가수분할 수 있도록 품종을 개량한 종류가 많습니다. 완두의 자가수분은 멘델이 유전 실험을 하기에 매우 적합한 조건이었던 것입니다.

우선 자가수분을 통해 자신의 수술과 암술로 교배를 계속하면 '순계(순수한 계통)'를 확립하기 쉽습니다. 게다가 꽃을 피우지 않으므로 다른 곳에서 꽃가루가 들어올 일도 없지요. 따라서 꽃이 성숙하기 전에 수술을 제거해버리고 교배하고 싶은 품종의 수술을 인위적으로 수분하여 교배에 성공할 수 있었습니다.

완두콩이 실험에 적합한 또 다른 이유는, 순계의 완두콩 종자는 모양이 둥글거나 주름지고 키가 크거나 작아서 외관상 확연히 다른 대립형질을 보이기 때문입니다. 또한 줄기에 달린 잎과 잎 사이의 간격을 지표로 삼아서 키의 기준을 정확히 정할 수 있습니다.

멘델은 이렇게 준비한 34품종 가운데 22품종에서 각각의 특징적인 대립형질을 발견했고, 7개 품종으로 범위를 좁혀 교배 실험을 진행했습니다.

● 유전학의 선구자, 멘델

멘델은 7개의 품종을 교배해서 잡종 종자를 키우고, 다시 교배하는 실험을 8년 이상 계속했습니다. 그 사이 재배한 완두콩은 수만 그루가 넘었지요. 오랜 기간 이처럼 성실히 연구를 지속했다는 점도 멘델이 훌륭한 이유 중 하나입니다.

그렇다면 멘델의 가장 훌륭한 연구 성과는 무엇일까요? 멘델은 둥근 종자와 주름진 종자의 대립형질에는 유전을 지배하는 '요소(나중에 유전자라고 밝혀진)'가 존재한다고 가정하고 A와 a, B와 b 등의 단순한 기호로 표기하는 방법을 생각해냈습니다. 이처럼 생물 현상을 수식이나 기호로 표현하려고 한 것은 멘델이 대학에서 전공한 물리학의 영향을 받았기 때문입니다. 분야를 뛰어넘어 학문을 배우고 유전학이라는 새로운 연구영역을 창조해낸 멘델의 업적은 여전히 높은 평가를 받고 있답니다.

멘델은 실험결과를 통해 다음 세 가지를 도출해냈습니다.

① 둥근 종자와 주름진 종자의 대립형질은 한 쌍의 대립 유전자, A와 a에 따라 달라진다.

② 하나의 개체에는 한 쌍의 대립유전자가 존재한다. 예를 들어 둥근 종자는 AA가 된다.

③ 수술과 암술에서 생식세포가 형성될 때 한 쌍의 대립유전자는 한 개씩 균등하게 분배된다.

● 멘델의 분리 법칙

멘델의 법칙이 알려지기 전까지 유전이란, 물감처럼 서로 섞이고 나면 다시 분리할 수 없다고 여겨져 왔습니다. 하지만, 멘델은 '유전자란 액체가 아닌 입자 상태이며 수정을 위해 한 번 달라붙었다가 다시 떨어질 수 있다'고 생각했습니다.

● 유전에 관한 생각의 변화

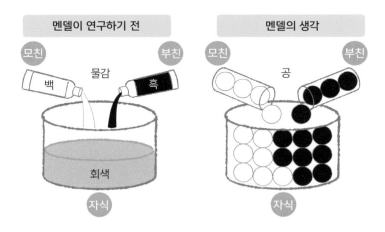

③의 내용이 **'멘델의 분리 법칙'**을 설명하는 내용입니다. 요즘엔 중학생들도 멘델의 3대 법칙으로 **'우성과 열성의 법칙'**, **'분리의 법칙'**, **'독립의 법칙'**을 배우는데, 우성과 열성의 법칙과 독립의 법칙은 예외가 많아서 분리의 법칙을 더욱 중요시하게 배우고 있습니다.

02 DNA의 이해를 도운 '센트럴 도그마'

센트럴 도그마 (Central Dogma)

DNA로부터 단백질을 합성하는 과정은 한 방향으로만 진행되며 역류하지 않는다는 개념. 이러한 현상은 모든 생물의 기본 원리라는 데서 이름 붙여졌다.

● 60년 전에는 형태도 알지 못했던 DNA

우리의 몸을 구성하는 모든 세포에는 DNA(deoxyribonucleic acid, 데옥시리보핵산)가 존재합니다. DNA는 긴 사슬 모양의 분자로, 두 가닥의 DNA가 나선형으로 얽혀 있는 구조입니다. 사람의 세포 하나에 존재하는 DNA를 길게 늘어뜨리면 대략 2m에 이르는데, 자신의 키보다 길다고 합니다.

지금은 DNA가 이중나선 구조라는 것을 누구나 알고 있지만, 60년 전만해도 DNA가 어떤 모양인지 알지 못했습니다. DNA에 관해 처음으로 밝혀진 것은 다음 세 가지입니다.

① 이제까지 유전 물질의 정체는 단백질이라고 생각했지만, DNA가 따로 존재한다.

② DNA는 길고 가는 사슬 모양의 분자로, DNA 사슬의 구성단위(나선이 한 바퀴 돌아오는 부분)는 뉴클레오타이드라고 하며 인산, 당, 염기 세 부분으로 이루어진다. DNA의 인산과 당은 공통된 구조지만, 염기는 아데닌(A), 타이민(T), 구아닌(G), 사이토신(C)이라는 네 가지 종류가 존재한다.

③ DNA 사슬에는 A, T, G, C 4종의 **염기**가 불규칙하게 놓여 있다.

DNA가 이중나선 구조라는 사실은 제임스 왓슨(James Dewey Watson)과 프란시스 크릭(Francis Crick)이 처음 발견했습니다. 이 발견으로 왓슨과 크릭은 1962년에 노벨 생리의학상을 받았지요. 하지만 이중나선을 발견하는 데 있어 복잡한 인간관계와 연구에 얽힌 기막힌 사연이 있었다는 사실은 잘 알려지지 않았을 겁니다.

● 왓슨과 크릭은 직접 실험하지 않았다?!

DNA가 이중나선 구조라는 사실은 1953년에 《네이처Nature》지를 통해 가장 먼저 알려졌습니다. 당시 상황을 다시 한번 되돌아볼까요?

이 발견의 중심인물로 꼽히는 왓슨은 1950년에 동물학 박사를 취득한 뒤 무언가 커다란 연구 성과를 내고 싶다는 야망으로 불타오르던 젊은 연구자였습니다. 당시는 단백질의 분자구조를 X선 결정구조해석으로 밝혀내는 연구가 시작되던 시기였습니다. **X선 회절법**이라고 하는 방법으로, 구조가 불명확한 결정에 X선을 쬐어서 규칙적인 회절 패턴이 생성되면 그 패턴에서 결정구조를 밝혀내는 연구랍니다.

하지만 이 과정은 물리학 분야의 연구로, 왓슨이 전공한 동물학과는 전혀 다른 분야였습니다. 그래서 물리학을 전공하고 대학원에 갓 입학한 크릭을 영입하여 실험을 시작하기로 했습니다. DNA에 X선을 쬐어서 회절 패턴을 조사했지만, 이 분야에서 햇병아리에 불과했던 두 사람이 쉽게 성공해낼 리가 없었지요.

왓슨과 친하게 지내던 윌킨스(Maurice Wilkins)의 연구실에서는 X선 결정구조해석의 전문가인 여성 연구자 로잘린드 프랭클린(Rosalind E. Franklin)이 연구에 함께 참여하고 있었습니다. 왓슨이 윌킨스의 연구실을 방문했을 때, 윌킨스가 그녀의 책상에서 허락 없이 몇 장의 사진을 갖고 왔습니다.

"한번 보겠나? 프랭클린의 실험결과 사진이라네."

왓슨과 크릭은 프랭클린이 찍은 DNA의 X선 결정회절 사진을 보고 DNA의 구조를 유추해낼 수 있었습니다. 네 종류의 염기가 둘씩 쌍을 이루고 있는 모습이 열쇠로, 두 가닥의 DNA 사슬이 나선 모양을 그리고 있다는 사실을 알아낸 것입니다.

그 아이디어를 바탕으로 곧바로 논문을 쓰기 시작했는데, 그 결과 1953년에 DNA 이중나선 구조에 관한 논문 세 편이 동시에 《네이처》지에 소개되었습니다. 왓슨과 크릭, 윌킨스, 프랭클린이 쓴 각각의 논문이었지요. 이들 가운데 로잘린드 프랭클린만이 노벨상을 받지 못했습니다. 연구 도중에 X선을 많이 쐰 나머지 난소암에 걸려 1958년 서른일곱의 젊은 나이에 세상을 떠났기 때문입니다. 사후에는 상을 수여하지 않는다는 노벨재단의 원칙에 따라 결국 수상할 수 없게 된 것입니다.

● 왓슨과 크릭이 일궈낸 진짜 공적

남의 실험결과에서 얻은 아이디어로 논문을 썼다고 해서 왓슨과 크릭에게 비판적인 시선을 보내는 사람들도 있습니다. 하지만 그들의 공적은 DNA의 구조를 정확히 예측한 것 외에도 DNA를 기반으로 하는 생명현상을 추측했다는 점에 있습니다.

요컨대, 'DNA는 정보를 어떻게 복제해서 자식에게 그대로 물려주는 걸까?', 'DNA는 어떻게 단백질로 번역되어 우리의 피와 살을 이룰까?' 등등 이런 궁금증에 관한 기본 개념을 제창한 것입니다. 그들이 제시한 개념은 얼마 지나지 않아 다른 연구자들이 증명해 보였답니다.

DNA를 구성하는 염기는 네 종류이며, 이중나선 내측에서 A와 T, C와 G가 수소결합으로 짝을 이루고 있습니다. DNA가 복제될 때는 이 수소결합이 붕괴해서 두 가닥으로 얽힌 사슬이 느슨해집니다. 각각의 사슬은 새로운 상대와 다시 이중나선을 구성하며 A와 T, C와 G가 짝을 이루도록 정확히 복제됩니다. 이 같은 방법으로 두 가닥의 DNA는 완전히 똑같은 염기서열을 갖게 되는 것이지요. 복제된 이중나선의 한 가닥은 기존의 DNA 사슬이고 다른 한 가닥은 새롭게 생성됐기 때문에 **반보존적 복제**라고 합니다.

한편, 복사기로 복사하는 것처럼 원본과 별개로 새롭게 복제하는 방법은 DNA 복제와는 다른 구조입니다. 이는 **보존적 복제**라고 합니다. 복사한 문서를 계속 반복해서 복사하다 보면 글자가 조금씩 찌그러져서 결국 읽을 수 없게 되지요? 즉, 보존적 복제로 몇 번이고 복제를 되풀이하다 보면 에러가 점점 누적되기 마련입니다.

반보존적 복제는 항상 원본의 절반이 남아 있으므로 에러가 누적되는 일이 없습니다. 따라서 자손까지 영속적으로 DNA를 물려줄 수 있는 것이지요. DNA의 이중나선 구조와 반보존적 복제 원리가 밝혀진 후로 많은 연구자들이 DNA가 유전정보의 근간이라는 사실을 확신했습니다.

그 후로 크릭이 제안한 센트럴 도그마는 DNA가 생명의 설계도이며, DNA에서 단백질이 생성되고 생명이 탄생한다는 사실을 이해하는 데 큰 도움을 주었습니다.

왓슨과 크릭이 프랭클린의 공적을 가로챘다는 의견도 있지만, 그들이 제시한 DNA의 개념이 분자생물학의 발전에 크게 기여한 것은 사실입니다. 그러니 각자의 역할을 다했을 뿐이라고 인정하는 것은 어떨까요?

● **DNA의 반보존적 복제 구조**

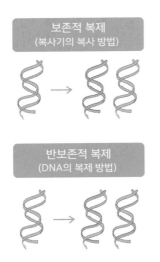

보존적 복제
(복사기의 복사 방법)

반보존적 복제
(DNA의 복제 방법)

03 '피토크롬'으로 개화시기를 감지하는 나팔꽃

피토크롬 (phytochrome, 꽃눈 형성호르몬)

. . . .

적색광수용체. 적색광과 원적색광에 반응하여 가역적으로 전환되며, 환경의 신호를 수용해서 전달한다. 계절과 시각, 장소 등을 식물에게 알려주는 정보원이다.

● '밤의 길이'로 꽃 피울 시기를 알아채는 나팔꽃

여름방학 숙제로 나팔꽃 관찰일기를 써본 경험이 있나요? 그런데 나팔꽃은 왜 여름방학이 시작할 즈음 피기 시작하는 걸까요? 그 이유는 나팔꽃의 꽃눈 형성이 '밤의 길이(암기)'에 따라 제어되기 때문입니다. 나팔꽃은 밤이 일정 시간보다 길어지면 꽃눈이 형성되는 **'단일식물'**에 속합니다.

여름방학은 원래 밤이 짧기 마련이죠. 하지만 일 년 중에 정확하게 밤이 가장 짧은 시기는 8월이 아닌 6월 말, 바로 하지이며 그 후로는 점점 밤이 길어진답니다.

나팔꽃은 밤의 길이가 8~9시간을 넘어가면 꽃눈을 만들기 시작합니다. 그런데 하지가 지날 무렵에도 해가 져서 뜰 때까지 9시간이 넘기 때문에 언제라도 꽃을 피울 준비가 가능한 건 아닐까요? 그러나 실제로는 일몰이 이뤄진 뒤에도 한동안 어스름한 빛이 남아 있기에 식물이 빛을 느끼지 못하는 암기라고 할 수 없습니다. 해가 완전히 넘어가고 조금 지나서야 나팔꽃이 '밤'이라고 느끼는 어둠이 찾아옵니다. 인간의 감각과는 조금 다른가 봅니다.

또 하나, 꽃눈을 유도하기 위해서는 일정 온도 이상으로 기온이 높아야만 합니다. 기온이 높아지고 일정 시간 이상 어둠이 지속되면 꽃눈이 유도되며, 몇 주 후에 꽃을 피우게 됩니다.

그렇다면, 밤이 길어지는 시기에 꽃눈을 생성한다는 것은 식물에게 어떤 의미일까요?

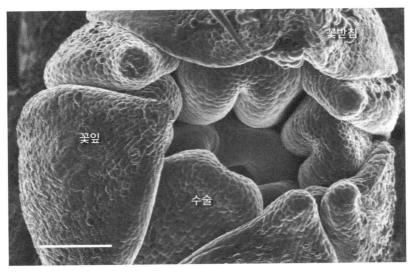

나팔꽃의 꽃눈 형성
한 번의 단일처리로 꽃눈이 유도된다. 가운데 보이는 구멍을 중심으로 암술이 형성된다. (축척 바 0.1mm)

무순의 발아
왼쪽은 주기적으로 빛을 차단한 곳에서, 오른쪽은 빛을 완전히 차단한 곳에서 발아한 모습이다.(축척 바 1cm)

식물은 '밤의 길이'로 계절을 감지합니다. 여름방학에 꽃을 피우는 나팔꽃은 추운 겨울이 오기 전에 먼저 종자를 생산해두어야 하지요. 개화 시기가 늦어져서 종자가 완성되기 전에 겨울이 되면 자손을 남길 수 없게 됩니다. 이처럼 낮의 길이와 밤의 길이를 감지할 때, 식물은 '피토크롬'이라는 적색광수용체를 이용합니다.

● 미묘하게 달라지는 빛의 정보

식물은 성장하는 모든 과정에서 빛의 정보를 활용합니다. 무지개에서 볼 수 있듯이 빛은 다양한 파장의 색으로 나누어지지요. 똑같은 태양광이라도 해가 뜰 때와 한낮, 해질녘의 빛의 파장은 시시각각 변화합니다. 또한 구름이나 다른 식물의 그늘 아래에서도 빛의 파장은 달라지지요.

게다가 빛은 강해졌다 약해지기도 하며, 빛이 향하는 방향도 계속해서 달라지기 마련입니다. 지구상의 중력이 항상 일정한 방향으로 힘이 더해지는 것과 비교하면 빛은 훨씬 복잡하고 미묘한 정보라는 사실을 알 수 있지요. 식물은 이렇게 '미묘하게 변화하는 빛의 정보'를 이용해서 자신이 어떤 환경에 처했는지를 알아낸답니다.

● 적색광으로 조절하는 식물

20세기 중반 무렵, 적색광의 영향을 받는 식물 현상이 잇달아 발견되었습니다. 개화를 제어하는 광주기성과 잎의 수면운동, 양상추 종자의 발아, 완두 싹의 녹화 실험에서 빛을 무지개색으로 나누어 조사해보았더니, 모든 상황에서 적색광이 중요하다는 사실을 알게 되었지요. 더불어 적색광 효과를 제어하는 원적색광의 성질도 밝혀졌습니다.

식물에 녹화 현상이 일어나면 엽록체가 생성되며 엽록체 안의 틸라코이드가 녹색을 띠게 됩니다. 빛이 차단된 상황에서는 엽록체의 전구체인 황백색 에티오플라스트 안에서 틸라코이드의 재료가 전박막층체(라멜라 형성체)의 형태로 축적됩니다. 반대로 빛이 닿는 곳에서는 클로로필을 함유하는 녹색 틸라코이드가 점차 생성되지요.

완두 잎의 엽록체형성 ⇨
암기에서 명기로 전환하면 엽록체의 틸라코이드가 급격히 발달하며 녹색으로 변한다.
전박막층체에서 녹색 틸라코이드가 만들어지는 모습이다.
M : 미토콘드리아, P : 색소체, S : 녹말 입자, CW : 세포벽 (축척 바 1μm)

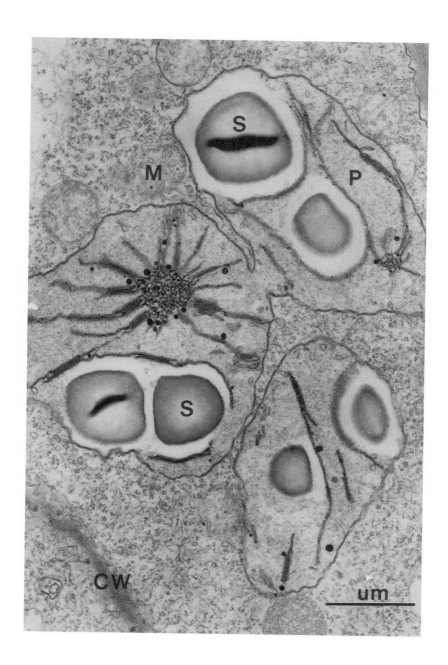

이 과정에서 이용되는 적색광은 파장이 660nm로 적색이라고는 하나 주황색에 가까우며, 원적색광은 파장이 730nm인 짙은 적색입니다. 눈에 보이지 않는 적외선에 가까운 파장이지만 가까스로 가시광선의 범위에 들어갑니다. 양상추 종자의 발아 실험에서는 적색광이 발아를 유도하고 원적색광은 발아를 억제하며, 적색광을 다시 비추었더니 발아가 계속되는 현상을 통해 빛이 식물의 성장을 켜고 끄는 '온&오프(on&off)' 스위치와 같은 역할을 한다는 사실을 알게 되었지요.

다양한 실험결과와 1950년대에 미국의 식물학자와 물리·화학자가 공동으로 연구한 내용을 바탕으로 적색광수용체에 관한 몇 가지 가설을 세웠습니다. 한 가지 색소에 적색광을 쬐면 원적색광에 반응하는 구조로 형태가 변하며, 이러한 구조 변화는 가역적이라는 등의 내용이었지요. 당시에는 참신한 가설이었지만, 이후 실험을 통해 실제로 증명되었고 적색광수용체에는 '**피토크롬**'이라는 이름을 붙였습니다.

● 빛이 있어야만 발아할 수 있을까?

식물의 종자에는 빛이 있어야만 발아하는 '**광발아종자**'와 반대로 빛이 있으면 발아하지 않는 '**암발아종자(혐광성종자)**'가 있습니다.

화분에 씨를 뿌린 후 충분히 물을 주고 적당한 온도를 유지했는데도 발아하지 않으면 빛이 부족해서라고 생각하기 쉽지요. 그런데 토마토, 샐비어, 물망초 등은 종자를 조금 깊이 심어야 쉽게 싹을 틔울 수 있습니다. 씨를 뿌린 후에 발아하기까지 화분을 신문지로 덮어놓기도 하는데, 신문지를 제때 치우지 않으면 새싹이 연약하게 웃자라고 맙니다.

반대로 빛이 있어야 발아하는 광발아종자는 양상추나 담배처럼 작은 종자일 때가 많습니다. 종자는 발아 후에 빛이 있는 곳까지 성장하기 위해 미리 양분을 축적해두지만, 크기가 작은 종자는 저장해둔 양분이 적어 여유가 없으므로 발아 때부터 빛이 필요합니다. 광발아종자의 발아 과정과 암발아종자의 새싹이 어두운 곳에서 웃자라는 현상은 모두 피토크롬의 컨트롤 아래에서 일어납니다.

실제로 빛은 다양한 파장의 빛으로 구성됩니다. 빛에는 적색광과 원적색광이 섞여 있으므로 식물은 그 비율의 변화를 감지하여 자신이 놓인 상황을 판단하는 것이지요.

한낮의 태양광은 적색광의 비율이 높지만, 다른 식물의 그늘에 가려지면 적색광보다 원적색광의 비율이 높아집니다. 피토크롬이 이런 상황을 감지하면 식물은 그늘에서 벗어나기 위해 계속 가지를 뻗어나갑니다.

식물은 혼자서 움직일 수 없지만 주변 환경을 감지하며 필사적으로 생존법을 바꿔나간답니다.

● **적색광(R)과 원적색광(FR)의 비율에 따라 달라지는 식물의 성장**

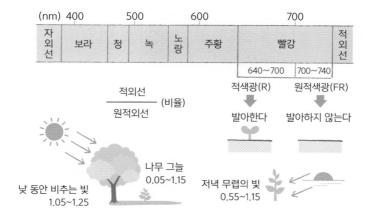

100년 동안 정체를 드러내지 않은 '청색광수용체'

청색광수용체
‥‥‥‥‥‥‥‥‥‥‥‥‥‥‥‥‥‥‥‥‥‥‥

최근에 그 모습을 드러낸 '크립토크롬'은 가지의 성장과 꽃눈 형성, 개일리듬에 관여한다. 또 다른 청색광수용체인 '포토트로핀'은 굴광성, 기공의 개폐, 엽록체의 이동에 관여한다.

● 청색을 감지하는 수용체는 어디에?

식물에 눈이 달려 있을 리는 없겠지요. 그런데도 식물은 빛을 감지할 뿐더러 빛을 구성하는 여러 가지 색을 구분할 수 있습니다. 빛과 색의 정보를 바탕으로 현재 어디에 있는지, 몇 시쯤인지, 계절은 여름인지 가을인지, 꽃을 피울 시기가 되었는지를 전부 판단할 수 있지요.

이처럼 식물의 성장과 발달을 조절하는 빛으로는 앞에서 설명한 적색광이 잘 알려져 있습니다. 20세기 중반에 적색광과 근적외광의 수용체인 피토크롬이 발견되어 많은 연구가 이루어졌고 지금까지도 계속해서 새로운 사실을 밝혀내고 있답니다.

한편, 식물이 청색 빛을 구분할 수 있다는 사실은 19세기 말, 찰스 다

186 내가 사랑한 생물학 이야기

원이 아들인 프랜시스 다윈과 함께 저술한 책『식물의 운동력』에서 언급되었습니다. 다윈이라고 하면『종의 기원』으로 유명하지만, 만년에는 아들인 프랜시스와 함께 교외에서 생활하며 열정적으로 식물을 관찰하며 지냈다고 합니다. 20세기 말부터 21세기 이후로는 현대과학의 기술을 이용해 식물의 생리현상에 관한 연구가 활발히 진행되고 있습니다. 그중에는 굴광성과 굴지성 등, 다윈 부자가 식물 관찰을 통해 알아낸 사실이 몇 가지나 포함됩니다.

육상식물뿐 아니라 조류, 균류, 박테리아도 청색 빛에 반응한다는 사실을 알았지만, 청색광을 감지하는 데 가장 중요한 **'청색광수용체'**는 좀처럼 발견할 수 없었습니다. 오죽하면 '숨어 있는 색소'를 뜻하는 **'크립토크롬'**이라는 별명이 붙을 정도였지요.

● 모델식물로 인기 만점인 애기장대

20세기 후반에 이르러 드디어 청색광수용체를 발견했습니다. 그 무렵 식물 연구에서 주로 사용하던 애기장대를 이용한 실험에서였지요.

애기장대는 유채과의 작은 잡초로, 염색체의 수가 적으며 발아에서 종자를 맺을 때까지의 기간이 짧아 유전자를 조작하는 식물 실험에 사용하기 적합합니다. 다양한 특징을 지닌 변이체를 만들어낼 수 있어서 실험에 자주 이용되

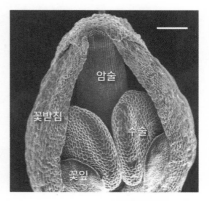

애기장대의 꽃봉오리
종자에서 발아하고 3주 정도가 지나면 꽃눈이 형성된다. (축척 바 0.1mm)

곤 합니다.

작은 잡초인 애기장대의 장래성을 내다보고 연구에 활용한 사람은 네덜란드의 연구자였습니다. 1980년대 필자가 미국에서 대학원을 다닐 무렵은 분자생물학을 응용한 연구법이 널리 보급되기 시작했을 때였지요. 매주 1회 정기적으로 열리던 세미나에서 애기장대가 실험재료로서 얼마나 적합한지 열정적으로 설명하던 네덜란드 연구자가 생각나네요.

그런데 그 후 1991년에, 애리조나주에서 열린 국제식물분자생물학회에서는 포스터 발표의 절반 이상이 애기장대를 이용한 연구였답니다.

● **모델식물로 애용되는 애기장대**

애기장대
염색체수 2n=10
지놈의 사이즈 1.0Mb
세대 시간 1~2개월

수술 꽃 암술
꽃잎
꽃받침

● 크립토크롬을 발견하다

애기장대를 이용해 분리한 변이체인 'hy-4'는, 적색광에는 일반적인 반응을 보여도 청색광에는 반응하지 않는 변이체입니다. 보통, 종자에서 발아한 식물의 새싹은 암흑 속에서도 점차 신장하기 마련입니다. 빛에 닿으면 줄기의 신장이 억제되고 떡잎이 녹색으로 변해 광합성을 시작하지요. 줄기의 신장에는 적색광과 청색광이 모두 영향을 준다는 사실이 밝혀졌지만, 청색광에 닿아도 감지하지 못하고 줄기가 계속 자라는 변이체를 선택해 실험한 것입니다. 이 변이체에 결여된 유전자를 조사한 결과, 오랜 시간 찾아 헤맸던 청색광수용체를 생성하는 유전자가 'hy-4' 변이체에는 존재하지 않는다는 사실이 밝혀졌습니다.

이렇게 발견된 청색광수용체에는 당시에 불렸던 별명 그대로 '크립토크롬(cryptochrome, cry)'이라는 이름을 붙여주었습니다. 크립토크롬은 배축의 성장 억제뿐 아니라 꽃눈 형성의 억제에도 관여하고 있다는 사실도 알게 되었지요. 적색광수용체인 피토크롬 역시 이러한 현상에 관여하고 있답니다.

● **청색광과 배축의 신장**

* 변이체(hy-4)

청색광을 쪼여도
배축의 신장이
멈추지 않는다.

● **또 하나의 청색광수용체, 포토트로핀**

100년 이상 숨어 있었던 물질이 모습을 드러낸 만큼, 이 발견은 20세기 후반 식물과학 분야에서 주목할 만한 성과였습니다. 하지만 과학의 역사에서 자주 볼 수 있듯이 이러한 성과는 예상처럼 쉽게 얻을 수 있는 것은 아니랍니다.

크립토크롬에는 두 종류(cry1, cry2)가 존재한다는 사실을 확인했지만, 그것만으로는 모든 청색광 반응을 설명할 수 없었기 때문입니다. 더구나 크립토크롬은 청색광에 반응한다고 널리 알려진 굴광성에 관여하는 청색광수용체가 아니라는 사실이 밝혀졌지요. 굴광성이란, 식물이 빛의 방향으로 구부러지는 반응입니다. 창가에 놓아둔 식물의 가지가 밝은 쪽을 향하고 있는 모습을 본 적이 있을 텐데요. 바로 그것입니다.

● **청색광을 향해 구부러지는 현상**

청색광

떡잎은 청색광 방향으로
구부러진다.

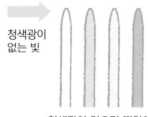

청색광이
없는 빛

청색광이 없으면 떡잎이
구부러지지 않는다.

굴광성에 관여하는 청색광수용체를 찾는 연구는 계속되었는데, 1993년에 크립토크롬을 발견하고 몇 년이 지난 후에 또 다른 청색광수용체를 발견했습니다. 크립토크롬과 마찬가지로 애기장대의 변이체를 이용한 연구였습니다. 새롭게 발견한 청색광수용체는 굴광성을 뜻하는 단어에서 유래한 포토트로핀(phototropin, phot)이라는 이름을 붙였습니다. 포토트로핀에도 1과 2, 두 종류가 있으며 두 종류가 함께 협동해서 굴광성을 조절한다는 사실도 알아냈습니다.

일본에서도 세포 내 엽록체의 움직임을 제어하는 청색광수용체에 관한 연구가 진행되고 있었지만, 이 청색광수용체 역시 포토트로핀이었다고 합니다. 이처럼 20세기 후반에는 식물과학 분야에서 깜짝 놀랄 만한 발견이 계속되었습니다.

청색광수용체는 이렇게 모습을 드러냈지만, 이후에 사람을 포함하는 동물에도 '개일리듬(搬日rhythm, 24시간을 주기로 활동하는 생물체의 리듬)'을 제어하는 크립토크롬이 존재한다는 사실이 밝혀졌습니다. 최근에는 크립토크롬을 이용해 불면증과 당뇨병을 치료하고, 시차 적응을 완화하는 응용연구도 활발히 진행되고 있다고 합니다.

● **청색광과 엽록체의 운동**

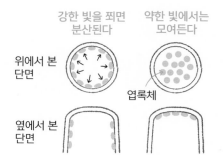

꽃은 잎이 변형된 기관?!
괴테의 가설을 'ABC모델'로 입증하다

ABC모델

꽃의 각 기관은 ABC라고 하는 세 개의 유전자 조합으로 결정된다.
ABC가 전부 관여해야만 꽃을 형성할 수 있다.

● 뿌리와 가지는 식물호르몬의 비율로 결정된다

'꽃은 잎이 변형된 기관'이라는 사실을 처음 주장한 사람은 독일의 문호 괴테(Johann Wolfgang von Goethe)였습니다. 괴테는 시인이기도 했지만 식물의 연구에도 많은 시간을 할애하여 『식물 변태론』이라는 책을 쓰기도 했습니다. 그로부터 약 200년 후, 애기장대의 변이체를 이용한 연구에서 '꽃은 잎의 변형 기관'이라는 사실이 유전자를 통해 입증되었습니다.

필자가 연구 활동을 시작한 곳은 식물조직 배양의 발상지라고도 할 수 있는 연구실로, 다양한 배양계를 이용한 실험에 참여할 수 있었습니다. 그중 하나가 담배의 꽃무늬 배양계입니다.

지금이야 그다지 환영받지 못하는 식물이지만 담배는 20세기의 주요 농산물 중 하나로, 전 세계에서 담배를 이용한 연구가 활발히 이루어졌습니다. 담배 조직을 배양하기 위해 기름진 MS[이를 개발한 Murashige(무라시게)의 M, Skoog(스쿠그)의 S의 줄임말] 배지가 개발되었으며, 이 배지는 지금도 여러 식물의 '조직배양'에 활용되고 있습니다.

멸균 처리한 담배 줄기를 둥글게 잘라 식물호르몬(합성품일 때는 식물성장 조절물질)인 옥신(식물의 성장을 촉진)과 시토키닌(세포분열을 유도)을 다양한 농도로 조합해 MS 배지에서 배양하면, 조직의 단면과 표면에서 잎과 뿌리가 형성됩니다. 옥신과 시토키닌의 비율에 따라 잎과 뿌리의 형성이 조절된다는 사실을 알 수 있지요.

● 미분화 세포 '캘러스'

옥신의 농도에 따라서는 줄기세포나 뿌리세포가 아닌 미분화 세포집단을 형성하기도 합니다. 이러한 세포를 '캘러스(callus)'라고 합니다.

미분화 세포인 캘러스는 대부분 원형에 가까운 모양이지만, 세포가 분화하면서 점점 모양이 변해갑니다. 캘러스를 적당한 식물호르몬과 조합해서 다시 배양하면 뿌리가 형성되거나 잎이 형성되기도 하지요. 먼저 관다발과 뿌리털이 분화하는 모습으로 뿌리털의 형성을 알 수 있습니다. 잎이 분화할 때는 표피가 만들어지고 그곳에 경정분열조직이 생겨서 잎원기가 분화하기 시작합니다.

● 꽃눈이 분화하는 모습

꽃이 핀 담배의 줄기와 꽃자루를 둥글게 잘라 배양하면 조직 표면에 꽃눈이 형성되어서 꽃봉오리를 맺게 됩니다. 꽃눈이 여러 개 형성되므로 그 과정을 쉽게 관찰할 수 있지요. 잎을 만드는 조직(경정분열조직)은 반원 모양을 하고 있지만 꽃눈이 형성될 때는 이 반원 모양이 납작하게 펼쳐져서 그 위로 동심원 모양의 돌기가 바깥쪽부터 형성됩니다.

담배의 꽃눈은 맨 처음에 꽃받침, 그다음에 꽃잎, 수술의 순서로 원기가 생성되며 다섯 개의 원기가 고리 모양으로 나란히 형성되어 각각의 기관이 분화합니다.

마지막으로 암술의 원기가 생성되는데, 처음에는 오목한 공간이 생기고 점차 가장자리가 발달하며 암술 모양으로 변해갑니다. 처음에 생긴 공간은 씨방이 만들어지는 자리로, 수정 후에 종자가 자라는 중요한 곳이랍니다.

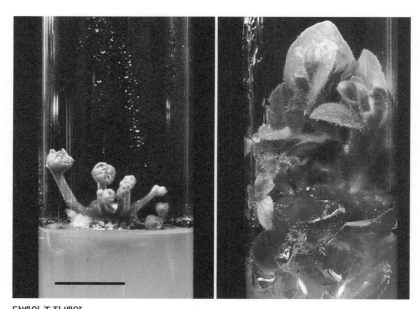

담배의 조직 배양
적절한 식물호르몬을 공급해서 조직을 배양하면 줄기 절편에서 잎이 형성되며(왼쪽),
꽃자루 절편에서는 꽃눈이 형성된다(오른쪽). (축척 바 1cm)

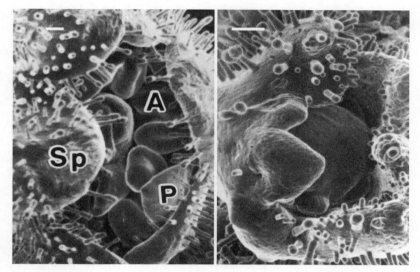

꽃눈의 계대배양

조직배양으로 형성된 꽃자루 절편을 반복해서 배양했을 때 꽃눈이 발달하는 모습.
오른쪽은 꽃받침과 꽃잎의 원기가 형성되고 있다.
왼쪽은 수술과 암술까지 형성된 모습이다. Sp : 꽃받침, P : 꽃잎, A : 꽃밥 (축척 바 0.1cm)

● 꽃기관의 형성을 설명하는 'ABC모델'

담배의 꽃자루 조직을 배양해서 형성된 꽃봉오리를 다시 둥글게 잘라 배양하면 꽃눈을 계대배양(세포를 새로운 배양접시에 옮겨서 세포의 대를 이어 배양하는 방법—옮긴이)할 수 있습니다. 하지만 일 년 이상 계속해서 배양하다 보니 완전하지 않은 꽃이 형성되는 일이 발생했습니다.

꽃은 꽃받침, 꽃잎, 수술, 암술로 구성되는데, 이중 꽃받침과 암술로만 형성되는 꽃눈이 점차 늘어난 것이지요. 이렇게 신기한 현상이 일어나는 꽃눈의 수수께끼는, 1991년에 식물 유전학자인 코엔(E. Coen)과 메이어로위츠(E. Meyerowitz)가 꽃의 기관 형성을 제어하는 원리로 'ABC모델'을 발표하자 "과연, 그렇구나!" 하고 이해할 수 있게 되었답니다.

코엔 박사와 메이어로위츠 박사는 금어초와 애기장대를 이용해 각각의 연구를 진행해왔지만, 거의 비슷한 시기에 똑같은 모델을 도출했습니다. 1991년, 국제학회에서 색연필로 그린 그림을 슬라이드로 만들어 차분하게 발표하는 코엔 박사와, 그와 달리 활기차게 농담을 주고받는 메이어로위츠 박사의 강연은 각자의 개성이 드러나는 인상 깊은 시간이었습니다.

20세기 후반에는 애기장대를 모델식물로 이용한 연구가 활발히 진행되었습니다. 꽃의 각 기관에 이상현상이 일어난 변이체를 해석하는 실험이 계속되었지요. 수술만으로 이루어진 '슈퍼맨'과 전부 잎처럼 생긴 '리피' 등, 그 모양과 이름도 인상적인 변이체가 모습을 드러냈습니다.

이러한 연구를 거쳐 ABC모델을 완성했습니다. 서로 다른 세 개(A, B, C) 영역의 유전자가 발현한 조합으로, 유전자 영역에 따라 꽃의 각 기관의 발생이 제어된다는 이론입니다.

- A영역의 유전자가 단독으로 발현 → '꽃받침' 형성
- A영역과 B영역이 발현 → '꽃잎' 형성
- B영역과 C영역이 발현 → '수술' 형성
- C영역이 단독으로 발현 → '암술' 형성

꽃잎과 수술의 형성은 모두 B영역 유전자의 발현과 연관된다는 사실을 알 수 있지요. 따라서 B영역의 유전자에 이상이 발생하면 꽃잎과 수술이 동시에 영향을 받는답니다.

● 식물의 각 기관을 결정짓는 ABC모델

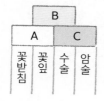

ABC영역의 유전자 조합으로
꽃의 각 기관이 결정된다.

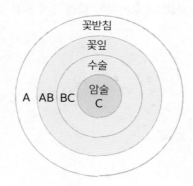

● 꽃눈을 유도하는 식물호르몬 '플로리젠'

꽃을 피우는 식물호르몬이 존재하리라는 예측은 1930년대부터 계속 되었으며 '**플로리젠**(florigen, 꽃눈 형성 호르몬)'이라는 이름으로 불려왔습니다. 예를 들어 나팔꽃은 일정 시간 이상 암기가 지속되어야 꽃눈이 형성 되는데, 잎에서 빛의 주기를 감지하면 꽃눈이 형성되는 부위까지 정보를 전달하는 플로리젠이 존재한다고 여겼던 것이지요.

그리고 거의 70년 후인 1999년에 교토대학 아라기 교수의 연구팀이 플 로리젠으로 보이는 **FT단백질**의 유전자를 발견했습니다. 또한 애기장대 에서 발견한 FT단백질은 잎에서 만들어져서 체관부를 통해 경정분열조 직으로 운반되며, 그곳에서 꽃눈을 형성하는 유전자를 활성화한다는 사 실을 알게 되었지요. FT단백질은 벼의 꽃눈을 유도하는 플로리젠이기도 합니다. 플로리젠이 작용하는 범위에 관한 연구는 현재까지도 계속되고 있답니다.

벼와 같은 작물의 개화시기를 다양한 일주기와 기후 조건 아래에서 자유롭게 조절할 수 있다면 열매를 맺을 때까지의 시간을 충분히 확보할 수 있을 테지요. 플로리겐이 활약하게 되는 날도 머지않아 다가오지 않을까요?

06 생물학 발전에 기여한 성게의 '조정란'

조정란

성게와 사람의 초기 배아처럼 세포의 일부가 소실되어도 남은 세포
를 조절해서 완전한 개체를 형성하는 알을 말한다.

● 앞뒤가 없는 극피동물

바닷가에서 돌을 뒤집어보면 성게나 불가사리를 발견할 수 있습니다.
운이 좋으면 해삼이나 거미불가사리를 발견할 수도 있지요.

이들의 모양은 굉장히 특이한데, 오방사 대칭이라고 하는 오각형 모양
을 하고 있습니다. 성게는 둥그렇다고 생각하기 쉽지만, 성게 껍데기의
하얀 뼈를 자세히 관찰해보면 오각형 모양이라는 것을 알 수 있답니다.
자연계의 동물은 대부분 머리와 꼬리(혹은 엉덩이)로 '앞과 뒤'를 구분할
수 있는데, 이에 반해 성게와 불가사리는 앞뒤가 없는 동물로, '극피동물'
이라고 합니다. 특이한 겉모습을 하고 있는 극피동물은 내부의 모습도
평범하지는 않습니다. 극피동물은 바다에서 해수를 체내로 흡수하여 그
수압으로 발을 뻗어 움직이고 먹이를 잡아먹습니다. 이러한 구조를 수관

계라고 하는데, 해수에서만 움직일 수 있으므로 바다 외의 장소에서는 서식할 수 없다고 합니다.

한편, 극피동물은 특이한 생김새를 하고 있지만 무척추동물 중에 의외로 우리 인간과 가까운 동물이라는 사실이 밝혀지기도 했습니다.

● **극피동물의 종류**

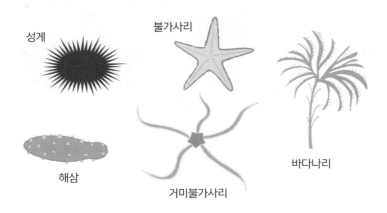

성게

불가사리

바다나리

해삼

거미불가사리

● 성게가 교과서에 나오는 두 가지 이유

성게는 개구리와 함께 일본 고등학교 생물 교과서에 자주 등장하는 동물입니다. 최근에는 일본 중학교 과학 교과서에 성게의 알이 두 개의 세포로 나뉘는 모습이 게재되기도 했습니다.

성게는 왜 그렇게 교과서에 자주 등장하는 걸까요? 그 이유는 성게에서 알과 정자를 쉽게 채취해서 수정할 수 있기 때문입니다. 포유류는 체내 수정을 하므로 암컷의 뱃속에서 난자를 꺼내기란 여간 어려운 일이 아닙니다. 게다가 체외 수정을 하는 동물이라도 알과 정자를 쉽게 얻을 수는 없는 일이며, 해부해서 몸속에서 꺼내려고 해도 난자와 정자가 성숙했는지를 알 수가 없습니다. 본래 수정이란, 자손을 남기기 위한 중요한 절차이므로 생식 활동을 다른 동물에게 알리고 싶지 않을 테지요.

하지만 성게는 예외적으로 수정하는 모습을 공개적으로 보여줍니다. 알을 수백만 개나 낳으니 별일 아니라고 생각할지도 모르겠네요.

교과서에 자주 등장하는 또 하나의 이유는 배아와 유생이 투명하기 때문입니다. 현미경을 사용하면 투명한 배아 안에서 어떤 일이 벌어지고 있는지 살아 있는 채로 관찰할 수 있으니까요.

● 성게의 세포층을 입체화하면

① 세포층이 한 겹이면

세포가 직육면체 모양으로 촘촘하게 늘어선다.

② 세포층이 구부러지면

세포가 쐐기 모양으로 변한다.

③ 세포층이 길게 늘어나면

세포 하나하나가 길어진다.

성게가 발생하는 과정을 살펴볼까요? 처음에는 세포분열이 일어나 점차 세포 수가 증가합니다. 그렇게 늘어난 세포가 한 겹의 층을 이루고, 세포층이 급격하게 늘어나거나 구부러지면서 세포의 특수화가 일어납니다. 성게는 한 겹의 세포로 이루어진 풍선 모양의 포배가 발생하는데, 포배 일부분이 안으로 쑥 들어가며 관을 형성합니다. 이 관을 **원장**이라고 하며, 원장은 나중에 소화관으로 분화합니다. 세포가 활발하게 움직이는 모습을 쉽게 관찰할 수 있다는 점도 교과서에 자주 실리는 이유 중 하나랍니다.

● 일란성쌍둥이가 태어나는 이유

이처럼 성게는 발생의 과정을 쉽게 관찰할 수 있어서 예전부터 발생학 연구에 이용되었습니다. 성게에 관한 연구를 역사적으로 돌이켜보면, 성게를 통해 여러 가지 중요한 발견을 했다는 사실을 알 수 있답니다. 1891년에 한스 드리슈는 두 개의 세포로 분열한 성게 알을 따로 사육하는 실험을 시도했습니다. 그러자 양쪽 세포에서 완전한 형태의 성게 유생이 생성되었지요. 초기 세포는 앞으로 무엇이 될지 아직 정해지지 않은 상태이며 더욱이 소실된 부분을 보완할 수 있다는 사실을 발견한 것입니다.

이처럼 조절성을 지닌 알을 **조정란**이라고 합니다. 모든 동물의 알이 조절성을 지니고 있지는 않으며, 초기에 세포를 분리하더라도 불완전한 유생이 생성되는 알도 존재합니다. 이 같은 알을 **모자이크란**이라고 하지요.

사람의 난자는 비교적 오랫동안 조절성을 유지하는 조정란입니다. 일란성 쌍둥이는 사람의 난자가 조정란이어서 태어날 수 있는 것이지요. 배아가 자궁 안에서 어떠한 충격을 받아 두 개로 나뉘었다 하더라도, 조절성을 지닌 사람의 난자는 각각의 부족한 부분을 서로 보완해가며 각자 완전한 태아로 자라날 수 있습니다.

● 일란성 쌍둥이가 태어나는 이유

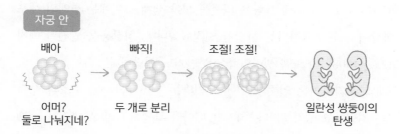

자궁 안

배아

어머?
둘로 나눠지네?

빠직!

두 개로 분리

조절! 조절!

일란성 쌍둥이의
탄생

● 면역학의 발전에 기여한 불가사리의 배아

성게뿐 아니라 불가사리도 투명한 배아와 유생을 쉽게 관찰할 수 있습니다. 불가사리의 배아는 면역학의 발전에 커다란 공을 세웠습니다. 19세기 후반, 면역학 분야에서 코흐와 파스퇴르가 백신을 제조했는데 이로써 인류는 감염증에 대항할 수 있는 커다란 무기를 손에 넣게 되었습니다.

사람의 혈액 속 혈장(액체 성분)에는 항체가 존재하는데 이것이 세균을 퇴치해줍니다. 따라서 면역이란, 혈장 성분의 작용으로 일어나는 현상이라고 추측해왔습니다. 또한 혈구는 나쁜 병원균을 운반하여 감염증을 퍼뜨린다고 여겨져 왔지요.

이런 생각에 이의를 제기한 사람이 러시아의 과학자인 일리야 메치니코프(Ilya Ilyich Mechnikov)입니다. 그는 세포가 병원균을 잡아먹어서 생체를 방어한다고 주장했습니다. 세포가 이물질을 흡수하고 분해하는 것을 '**식작용**'이라고 합니다. 메치니코프는 불가사리 배아 안에 장미 가시를 찔러 넣어 세포가 이물질을 포위하는 모습을 관찰했고, 그 결과 '식작용'을 발견했습니다.

그 후로 학문적 라이벌 관계였던 메치니코프와 코흐(Robert Koch), 파스퇴르(Louis Pasteur) 세 사람은 의견을 모아 생체 방어에는 혈액의 세포와 혈장이 모두 중요하다는 사실을 인정했습니다. 식작용을 발견한 메치니코프는 1908년에 노벨 생리의학상을 받기도 했답니다.

성게와 불가사리는 언뜻 보기에 우리와는 전혀 다른 몸 구조와 생활 양식을 지녔다고 생각됩니다. 하지만 배아가 투명하고 발생 과정을 쉽게 관찰할 수 있는 등의 특징을 살려 연구를 계속해온 결과, 세포가 분열하는 모습을 확인하고 감염증의 메커니즘까지 이해할 수 있게 되었지요.

이처럼 사람과 전혀 관계가 없어 보이는 성게와 불가사리지만, 이들 동물의 몸 구조를 통해 인류에 도움이 되는 성과를 이룬 셈입니다.

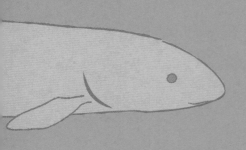

PART 7

우리가 잘 몰랐던
생물학 이야기

01 삼색털 고양이로 알아낸 '클론'의 정체

클론(clone)
· ·

유전적으로 동일한 개체군을 뜻한다. 단세포 생물처럼 무성생식으로 늘어난 개체군을 의미할 뿐만 아니라, 최근의 생명공학 기술로 만들어내는 유전적으로 동일한 복제 동물을 가리키기도 한다.

● 모든 것을 똑같이 복제한 인간이 탄생할 수 있을까?

1997년, 스코틀랜드의 로즐린 연구소에서 복제 양이 태어났습니다. '클론'이란 본래 '꺾꽂이'를 이르는 말로 옛날부터 농업과 원예 분야에서 이용되었던 방법입니다. 동물 중에서는 1891년에 인공적인 성게(극피동물) 복제에 성공했으며, 그 후로 1962년에 핵이식으로 복제 개구리(양서류)가 탄생했습니다.

포유류인 복제 양이 태어난 것을 계기로 '이번에는 인간을 복제할 수 있지 않을까?' 하는 기대감에 큰 화제를 모으기도 했습니다. 그런데 정말 자신과 완전히 똑같은 인간을 복제할 수 있을까요? 생김새뿐만 아니라 성격과 지능 등 모든 성질을 복제한 인간이 실제로 탄생할 수 있을지 궁금해집니다.

이 궁금증을 해소하려면 동물이 탄생하는 과정을 이해해야 하며, 의외일지 모르나 삼색털 고양이에 관해 알아야만 고개가 끄덕여지는 답을 얻을 수 있을 겁니다.

● 기적의 확률로 태어난 돌리

일반적으로 생물은 한 쌍의 유전정보를 물려받습니다. 바꿔 말해, 우리의 몸을 구성하는 모든 세포는 부친과 모친, 양쪽에서 물려받아 두 개가 한 쌍을 이루는 염색체를 지니게 되는 셈이지요. 하지만 이런 규칙에도 예외가 있습니다. 정자와 난자를 만드는 세포에는 한 쌍의 유전정보가 들어 있지만 성숙하는 과정에서 감수분열이 일어나 정자와 난자에 하나의 유전정보만 남게 됩니다. 그리고 생식 관계를 통해 자신과 상대방의 정자와 난자가 융합하면, 다시 한 쌍의 유전정보를 얻게 되는 것이지요. 유전정보의 절반은 부친에게, 다른 절반은 모친에게 물려받는 이유는 이처럼 유전정보를 반씩 헌납했기 때문입니다.

복제 양 돌리는 이러한 자연의 원칙을 무시하고 모친과 완전히 일치하는 유전정보를 갖고 인위적으로 태어났습니다. 어떤 과정을 거치는지 살펴보면, 수정란에서 먼저 정핵과 난핵이 융합하여 이룬 한 쌍의 유전정보를 극세침으로 빨아들여 완전히 없애버립니다. 그런 다음 모친의 유선세포에서 새롭게 추출한 한 쌍의 유전정보를 이식하는 것이지요.

이 실험은 현미경으로 정밀하게 이루어지는 작업으로 200번에 한 번꼴로만 성공할 수 있다고 하니, 돌리의 탄생은 기적에 가까운 성공이었던 셈입니다. 이 실험이 성공했다는 뉴스는 전 세계에 알려졌으며 많은 연구자들이 동물 복제 실험에 착수했습니다. 실험 방법을 개량해서 더 효율적으로 동물을 복제하는 기술을 개발했으며, 다른 포유류의 복제 실험도 잇따라 진행되었습니다.

● 브랜드 소, 애완동물 복제의 잇따른 실패

복제 연구가 특히 열정적으로 진행된 분야는 가축과 애완동물입니다. 품종을 개량한 브랜드 소를 복제 기술로 증식하려는 시도가 이루어졌는데, 육질이 뛰어나고 우유 생산량이 많은 소를 대량으로 길러낼 수 있는 가능성이 보이기 시작했습니다. 또한 가족처럼 소중히 길러온 애완동물의 죽음을 극복할 수 없는 사람을 위해 애완동물을 복제 생산하는 벤처기업이 등장하기도 했습니다.

복제 양 돌리가 탄생하고 20년이 지났지만, 과학기술로서 놀라운 성과를 보여준 복제 기술은 유감스럽게도 우리 생활에 많이 보급되지 않은 상황입니다. 복제 소는 식품 안전성에 관한 소비자의 동의를 얻지 못해 시장에서는 아직 찾아볼 수 없습니다. 복제 애완동물은 비용이 엄청날뿐더러, 원래 애완동물과 닮지 않았다는 실망과 불만이 제기되면서 시장에 자리 잡지 못해 이를 사업화한 벤처기업은 결국 도산하고 말았지요. 특히 삼색털 고양이는 복제를 해도 원래 고양이와는 완전히 다른 고양이가 태어나게 됩니다.

● 삼색털 고양이 복제와 X염색체의 불활성화

삼색털 고양이는 흑, 백, 갈색 세 가지 색의 털이 나는데, 무늬가 똑같은 고양이는 한 마리도 존재하지 않습니다. 삼색털 고양이는 대부분 암컷이며 수컷이 태어날 확률은 3만분의 1에 불과하다고 합니다. 때문에 일본의 에도시대에는 수컷 삼색털 고양이를 '바다 항해의 신'으로 여겨서 귀중하게 다루었다고도 하네요. 예전에 〈뭐든지 감정합니다〉라는 일본 TV프로그램에 수컷 삼색털 고양이가 등장해 무려 300만 엔(약 3,000만 원)이라는 높은 가격이 책정된 적도 있습니다.

삼색털 고양이는 사람과 똑같이 두 개가 한 쌍을 이루는 성염색체를 갖고 있습니다. 수컷은 X와 Y염색체, 암컷은 X와 X염색체입니다. 삼색털 고양이의 털을 검정이나 갈색으로 결정하는 유전자는 X염색체입니다. 암컷은 X염색체가 두 개이므로 어느 한쪽은 X염색체의 기능을 하지 않아야겠지요. 이를 'X염색체의 불활성화'라고 합니다.

난포 단계에서는 어느 염색체가 작용하지 않을지 정해지지 않으며, 발생이 진행되고 나서야 모자이크 모양으로 불활성화가 일어납니다. 이러한 불활성화 구조는 불규칙해서 어떤 세포에서는 우연히 모친에게 받은 X염색체가 작용하고, 다른 세포에서는 우연히 부친에게 받은 X염색체가 작용하기도 합니다. 즉, 똑같은 유전자를 갖고 있어도 어떤 유전자가 작용할지는 불규칙하게 정해지므로, 삼색털 고양이를 복제하면 저마다 다른 무늬의 털을 갖고 태어나게 됩니다.

● 클론이지만 생김새가 다른 삼색털 고양이

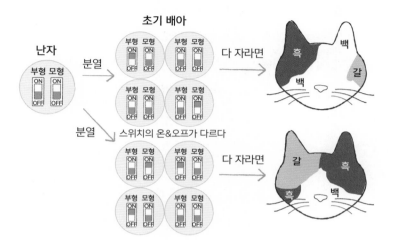

● 유전자의 온&오프는 태어난 후에 결정된다

삼색털 고양이를 예로 들었지만, 이 외에도 유전정보의 활성화에 관한 다양한 조합이 존재합니다. 유전정보가 똑같은 클론이라도 유전자의 스위치가 온이 될지 오프가 될지는 태어나기 전부터 정해지지 않습니다. 클론이 태어나더라도 어떤 시대와 환경에서 어떤 동료를 만나느냐에 따라 유전정보의 활성화는 크게 달라지기 때문이지요.

여기까지 이야기하면 복제 인간이란 어떤 존재일지 대강 짐작이 가나요? 다시 말해, 복제 인간은 염색체와 유전정보가 똑같을지는 모르나 나중에 어떤 인간으로 성장할지는 예측할 수 없다는 뜻입니다.

완전히 똑같은 복제 인간을 원한다면, 타임머신을 타고 과거로 돌아가 자신과 복제 인간을 바꿔치기해서 같은 시대, 같은 환경에서 성장해야만 한다는 모순에 빠지고 맙니다.

복제 기술에 대한 엄청난 기대에 비해 실제로 클론은 널리 활용되지 못했습니다. 이러한 경험을 통해 아무리 DNA가 똑같아도 '환경에 따라 결과가 달라진다'는 관점에서 클론을 바라보게 되었었지요. 'DNA로 결정되는 것'이 아니라 태어난 후의 생활 방식에 따라 변할 수 있다고 하니, 우리도 더 좋은 방향으로 달라질 수 있다는 희망을 품어보는 건 어떨까요?

02 인기가 많아야 '살아 있는 화석'이 될 수 있다?

살아 있는 화석

오랜 세월에 걸쳐 형태의 특성을 거의 바꾸지 않은 채 현재까지 살아온 생물. 또한 선조 시대에는 번영했지만 현재는 소수만 남아 있는 생물을 이른다. 다윈이 처음으로 사용한 용어다.

● 인기의 비결은 크기와 희귀성

생물은 몸집이 클수록 사람의 눈길을 끄는 힘을 발휘합니다. 일반 개구리보다 황소개구리를 보면 깜짝 놀라고, 고래상어는 그 엄청난 크기 때문에 수족관에서 인기를 누리고 있지요. 마찬가지로 일본 나라현에 있는 도다이지의 대불상, 됴쿄의 오다이바에 있는 실물 크기의 건담이 인기를 끄는 이유도 흔히 볼 수 없는 희귀성 때문이랍니다.

동물에게도 이와 똑같은 이유가 적용됩니다. 살아 있는 대왕오징어의 영상이 TV에서 방영된 후로 일본에서는 대왕오징어 붐이 일어났습니다. 그전까지는 먹을 수 없고 맛도 없다고 생각해 줄곧 버려졌지만 이제는 인기를 얻어 '대왕오징어 발견'이라는 뉴스로 종종 다뤄지곤 하지요.

때때로 연구를 위해 어선을 빌려서 심해생물을 조사하러 가는 일이 있습니다. 배에서 그물을 내려 수심 100~200m에 사는 생물을 채집하는 작업이지요. 이 같은 일을 할 때 어부의 목적은 심해에 사는 무당게와 노르웨이 바닷가재를 잡는 것이지만, 연구를 위한 목적은 상품 가치가 없는 심해의 성게와 바다나리입니다. 유감스럽게도 대왕오징어나 '**살아 있는 화석**'으로 유명한 **실러캔스**를 만난 적은 없었답니다.

'실러캔스'는 몸길이가 1~2m에 이르는 대형 어류로, 마다가스카르와 인도네시아의 바다 깊은 곳에서 근근이 살아가고 있어 잠수함으로 조사를 해도 좀처럼 만나기 어려울 만큼 개체 수가 적은 고대어입니다.

몸집이 크고 희귀한 데다 '살아 있는 화석'이기도 한 실러캔스는 당연히 인기가 많을 테지요. 참고로 실러캔스는 종의 이름이 아니라 현생종과 화석종을 포함해 실러캔스에 속하는 어류를 총칭하는 이름입니다.

● 화석으로 발견된 생물의 공통점

일반적으로 고대 생물이 화석으로 발견되는 것을 보고 생물이 죽으면 모두 화석이 된다고 생각하기 쉽지만, 사실은 그렇지 않습니다. 실제로 동물이 죽어서 화석으로 남기란 굉장히 어려운 일입니다. 우선 동물이 죽으면 사체는 바로 부패하기 시작합니다. 부패한다는 것은 미생물이 사체를 분해해서 마지막에는 뼈까지 사라지고 마는 것을 의미하지요. 따라서 화석이 되려면 시체가 쉽게 분해되지 않는 환경에 놓여 있어야 합니다.

예를 들어 순식간에 화산재로 뒤덮인다든지, 타르의 늪에 깊숙이 빠져버리는 등 특별한 상황이 벌어져야겠지요. 결국 죽어서 화석이 된다기보다 산 채로 매장되어서 화석이 된다고 할 수 있습니다. 주어진 생을 다하지 못하고 파묻힌 셈이지요. 화석을 바라보고 있자면 괴로워하는 동물의 모습이 눈앞에 그려지기도 합니다.

'화석으로 남기란 좀처럼 어렵다'는 말을 바꿔 생각해보면, 화석으로 발견된 생물은 '당시에 대량으로 생식하고 있었다'는 뜻이기도 합니다. 살아 있는 화석으로 불리는 실러캔스는 4억 년 전부터 6,500만 년 전 사이에 비슷한 물고기가 살았다는 사실이 화석을 통해 확실히 증명되었습니다. 다시 말해 그 시기에는 실러캔스가 많이 살고 있었지만, 어떤 이유로 개체 수가 급격히 줄거나 멸종해버렸다는 뜻입니다. '대량으로' 생식했다는 점이 중요하며 만약 필자의 가족이 당시에 살고 있었다면, 아이들이 "실러캔스 찜은 이제 질려서 못 먹겠어!" 하고 불평할 정도로 흔한 물고기였을 겁니다.

● **살아 있는 화석이라 불리는 어류**

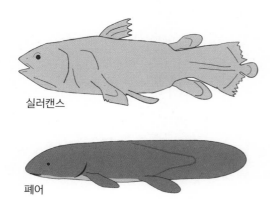

실러캔스

폐어

● 실러캔스와 폐어

'살아 있는 화석'에 관한 높은 관심에 힘입어 실러캔스의 지놈 분석이
이루어졌고, 2013년에는 모든 DNA 배열을 해독했습니다. 그 결과 실러
캔스가 어떤 유전자를 갖고 있는지 알게 되었지요. 실러캔스의 유전자와
도롱뇽, 개구리와 같은 양서류의 유전자를 비교하는 연구를 통해 어류
에서 양서류가 얼마만큼 진화했으며 어떻게 육상으로 생식영역을 넓혀갔
는지 궁금증을 해소할 수 있으리라 기대하고 있습니다.

그런데 DNA 해독을 통해 현존하는 어류 중에서 양서류에 가장 가까
운 종은 실러캔스가 아닌 '폐어'라는 사실을 알아냈습니다. 폐어는 미국,
아프리카, 호주에서 생식하는 특정 어류를 총칭하는 이름으로, 이름처럼
폐호흡을 할 수 있어서 건기의 바싹 말라붙은 환경에서도 땅속에서 휴
식을 취하며 우기까지 살아남는다고 합니다.

폐어는 폐로 숨을 쉬고 코에서 입까지 내비공으로 이어진다는 점에
서 땅에 사는 척추동물과 같은 구조를 지니고 있습니다. 화석 기록도 풍
부해서 예전부터 '살아 있는 화석'으로 알려졌지요. 게다가 몸의 크기는
1~2m에 이를 정도로 커다랗고, 지구상에 단 여섯 종만 생식하고 있습
니다. 호주의 폐어는 멸종 위기에 놓여 있는 만큼 열대어 상점에서는 고
가로 거래된다고 합니다.

하지만 똑같이 '살아 있는 화석'이라도 폐어는 실러캔스만큼 지명도가
높지 않습니다. 실러캔스에는 있고 폐어에 없는 매력은 무엇일까요? 실러
캔스는 사람들 모르게 오래도록 살고 있다는 '신비한 매력'을 발산하는지
도 모릅니다.

사실, 실러캔스와 폐어를 제외하고도 '살아 있는 화석'이라고 불리는

생물은 많습니다. 하지만 그중에도 실러캔스는 살아 있는 화석의 대명사로서 부동의 위치를 지키고 있지요. 비슷해 보이는데도 인기의 차이가 나는 것은 동물 세계뿐 아니라 인간 사회에서도 마찬가지입니다. 사람들을 매료하는 '플러스알파'가 존재하는가. 바로 그 차이가 인기를 판가름 짓는 요인이 아닐까요.

03 챔피언 데이터와 멘델의 법칙

챔피언 데이터 (Champion Data)

실험으로 도출한 대량의 시험 데이터 중에 가장 적합한 데이터만
을 이용하는 방식이다.

● 멘델의 연구에 관한 두 가지 의혹

1866년, 멘델은 완두를 통해 밝혀낸 유전의 법칙을 논문으로 정리했
습니다. 하지만 당시에는 체코 시골 마을의 연구자가 쓴 논문 따위에 아
무도 관심을 기울이지 않았지요. 멘델의 연구가 세상에 알려진 것은 멘
델이 죽고 나서 16년이 지난 1900년의 일이었습니다.

현재 멘델의 연구는 매우 높은 평가를 받고 있습니다. 하지만 한편으
로 멘델의 연구결과에 적잖은 의혹이 있는 것도 사실입니다. 물론 '의혹'
이라고는 해도 2014년에 화제가 된 STAP 세포처럼 엉터리 실험으로 연
구결과를 날조했다는 뜻은 아니랍니다.

멘델의 법칙은 거짓이 아닌 분명한 사실입니다. 다만 멘델의 연구결과
가 '너무 명확하다'는 점에 의혹을 제기하는 것이지요. 법칙으로서 명확

한 것이 뭐가 잘못이냐는 생각이 들지도 모릅니다. 멘델은 완두콩에서 대립형질을 나타내는 22종의 품종을 발견했는데 그중 7종만을 골라 실험을 진행했습니다. 어째서 22종 전부가 아닌 7종만을 골랐을까요?

멘델이 증명한 독립의 법칙은 '배우자가 형성되었을 때 대립유전자는 각각 독립적으로 행동한다'는 내용입니다. 그런데 만약 두 쌍의 대립유전자가 같은 염색체에 존재한다면 두 쌍의 대립유전자는 함께 행동하게 되므로 이 독립의 법칙에 맞아떨어지지 않습니다. 멘델이 무작위로 선택한 7종의 대립유전자는 대부분 다른 염색체에 존재했기 때문에 독립의 법칙이 성립한 셈입니다.

멘델이 죽고 난 후에 완두의 염색체는 단 일곱 가닥이라는 사실이 밝혀졌습니다. 7종의 대립유전자가 우연히 다른 염색체에 존재했던 것인지 혹은 멘델이 법칙에 맞게 실험을 조합한 것인지 하는 의혹이 남아 있답니다.

또한 둥근 종자의 순계와 주름진 종자의 순계를 교배한 실험이 유명한데, 이 실험에도 의심쩍은 부분이 있습니다. 이 두 가지 순계를 교배한 잡종은 모두 둥근 종자이며 이 잡종을 다시 교배하면 둥근 종자와 함께 다시 주름진 종자가 나타납니다. 둥근 종자와 주름진 종자의 수를 세어보았더니 둥근 종자가 5,474개, 주름진 종자가 1,850개로 74.8% 대 25.2%, 약 3:1의 비율이었습니다. 다른 대립형질에 관한 실험도 대략 3:1의 비율이었지요. 다시 말해 실험 데이터와 이론값의 차이가 너무 근소하다는 것입니다.

사실, 아무리 명확한 법칙이라도 그 법칙을 뒷받침하는 데이터는 보통 불규칙하기 마련입니다. 멘델의 결과를 통계학으로 계산해보면, 이론값인 3:1과 실제 측정한 값의 '차이'는 우연이라고 하기에는 너무 근접한 결과였던 셈입니다.

● 챔피언 데이터는 어떻게 이용해야 할까?

멘델은 어쩌면 이론값에 어떻게든 맞춰야 한다는 생각으로 법칙에 들어맞는 결과만을 모았는지도 모릅니다. 수많은 데이터에서 가장 적합한 데이터만 사용하는 것을 이르러 **'챔피언 데이터'**를 사용한다고 합니다.

사실 이 같은 챔피언 데이터는 과학의 세계에서만 통용되는 이야기가 아니므로 주의해야 할 필요가 있습니다. 예를 들어 '한 달에 10kg 감량!'이라고 다이어트 보조제를 광고한다면 이 결과는 챔피언 데이터일 가능성이 높습니다.

챔피언 데이터는 분명 날조와 허구가 아닌 사실이지만, 그 데이터를 사용할지 말지 결정하는 문제는 사용하는 사람의 양심에 달려 있지 않을까요?

생물이
가르쳐준 지혜로
더불어 발전하는
세계를 꿈꾸며

인간은 오래전부터 동물을 사육하고, 때로는 품종을 개량해서 가축으로 길러왔습니다. 예컨대 인간은 이미 1만 년 전부터 개를 사육해서 수렵에 이용했다고 하지요. 가축으로 이용할 뿐만 아니라 동물을 향한 순수한 관심에서 개와 고양이를 사육하고 늑대와 같은 동물을 관찰해왔습니다.

그렇다면 동물을 '관찰의 대상'에서 '학문의 대상'으로 바라보기 시작한 것은 언제부터일까요? 아리스토텔레스가 기원전에 동물학에 관한 글을 남기긴 했지만, 체계적인 학문이라고 볼 수 있는 시기는 중세 이후부터입니다. 동물의 특징을 자세히 관찰하고 같은 형질의 동물을 분류하는 학문이 성립했기 때문입니다.

신기하고도 아름다운 동물의 모습과 동물이 보여주는 흥미로운 행동에 이끌려 연구를 진행하는 방식은 지금도 변함이 없습니다. 필자가 동물학 연구를 시작한 이유도 학생 시절 현미경으로 관찰한 동물의 배아와 유생의 아름다운 모습에 매력을 느꼈기 때문이지요.

하지만 동물에 관한 흥미와 매력에서 한 발자국 더 나아가 '동물을 연구하는 일이 우리의 생활에 어떤 공헌을 하고 있을까?' 하고 생각해보면 분명 직접적으로 도움이 되는 일은 거의 없습니다.

그럼에도 불구하고 『내가 사랑한 생물학 이야기』라는 이 책의 기획을 맡았을 때, 처음에는 '인간이 생물을 이용해 발명한 제품이나 산업'에 관해 원고를 쓰면 되겠다고 생각했습니다. 동물 연구가 인간 사회에 이바지한 부분을 상세히 다뤄서 정면승부를 내보자는 생각이었지요. 하지만 그런 방법으로는 좋은 아이디어가 떠오르지 않았습니다.

지금 돌이켜보면 그런 생각은 '서양의 시선으로 바라본 과학', 즉 '자연은 인간을 위협하는 존재이므로 자연을 극복하고 지배해서 인간에게 도움이 되어야만 한다. 그러므로 과학이 존재한다'는 사고방식이었습니다. 다시 말해 생물을 지배하고 철저하게 이용해야 한다는 생각이었지요. 한편 동양에서는 자연숭배 사상이 뿌리를 내리고 있어, 수많은 신(자연)을 지배해서는 안 되며 '공존'해야 한다고 생각해왔습니다. 사실, 이러한 사고방식이야말로 '생물 덕분에 살아가고 있는(생물 덕분에 살아남을 수 있었던)' 인간이 다른 생물을 대하는 본연의 자세라는 점을 깨닫게 되었지요.

생물의 기능을 '철저히 이용하는 것'이 아닌, 생물의 기능을 '함께 공유해야 한다'고 발상을 전환하니 화젯거리는 주변에 얼마든지 존재하더군요. 우리는 원래 다른 동물과 공존하고 그들의 능력을 공유하며 살아왔기 때문입니다.

　예를 들어, 달걀로 인플루엔자 백신을 만드는 이야기는 결국 '달걀의 능력'을 이용했기에 가능한 일이었으며, GFP 형광으로 의학과 생물학에 공헌한 노벨 화학상 수상자인 시모무라 오사무 씨는 '발광평면해파리에게 도움을 받았다'며 자신의 공을 해파리에게 돌렸습니다. 또한, 2015년에 노벨 생리의학상을 받은 오무라 사토시 씨는 '토양에 사는 방선균의 힘을 빌렸을 뿐'이라는 겸손한 소감을 밝히기도 했지요. 이처럼 '생물에게 배우고 도움을 받는다'는 발상에서 생물과의 관계를 되돌아보니, 생물이 인간의 삶에 엄청난 공헌을 하고 있다는 사실을 다시 한번 절감할 수 있었습니다.

　그리고 오늘도, 사이타마대학의 학교 식당에서 달걀을 먹으면서 동식물과 인간이 더불어 발전하는 모습을 상상해봅니다. 이 책이 이러한 자연계의 관계와 구조를 이해하는 데 많은 독자들에게 도움을 줄 수 있다면 필자에게는 더없는 기쁨이 될 것입니다.

히비노 다쿠